21世纪高职高专土建系列工学结合型规划教材

建筑工程计量与计价综合实训

龚小兰 编 著
夏清东 白林德 主 审

内容简介

本书为“建筑工程计量与计价”课程配套使用的学生综合训练手册。其内容包括建筑工程计价概述、工程量与工程量清单、建筑工程消耗量定额、建筑面积计算、土石方工程、桩与地基基础工程、砌筑工程、混凝土及钢筋混凝土工程、屋面及防水工程与保温隔热工程、装饰装修工程、措施项目、综合楼工程量计算、工程量清单与计价文件的编制。本书结合最新国家标准 GB 50854—2013《房屋建筑与装饰工程工程量计算规范》，定额依据《广东省建筑与装饰工程综合定额(2010)》编制，读者可结合本地定额进行训练。

本书可作为高职高专院校建筑工程、工程造价、工程管理相关专业的“建筑工程计量与计价实训”课程的配套教材，也可作为造价员培训辅助教材或自学使用。

图书在版编目(CIP)数据

建筑工程计量与计价综合实训/龚小兰编著. —北京：北京大学出版社，2013.12

(21世纪高职高专土建系列工学结合型规划教材)

ISBN 978-7-301-23568-3

Ⅰ.①建… Ⅱ.①龚… Ⅲ.①建筑工程—计量—高等职业教育—教材②建筑造价—高等职业教育—教材

Ⅳ.①TU723.3

中国版本图书馆 CIP 数据核字(2013)第 296515 号

书　　名：建筑工程计量与计价综合实训

著作责任者：龚小兰　编著

策 划 编 辑：赖　青　杨星璐

责 任 编 辑：刘健军

标 准 书 号：ISBN 978-7-301-23568-3/TU · 0374

出 版 发 行：北京大学出版社

地　　址：北京市海淀区成府路 205 号　100871

网　　址：http://www.pup.cn　　新浪官方微博:@北京大学出版社

电 子 信 箱：pup_6@163.com

电　　话：邮购部 010－62752015　发行部 010－62750672　编辑部 010－62750667

印 刷 者：北京虎彩文化传播有限公司

经 销 者：新华书店

787 毫米×1092 毫米　16 开本　11.25 印张　249 千字

2013 年 12 月第 1 版　2021 年 2 月第 3 次印刷

定　　价：28.00 元

北大版·高职高专土建系列规划教材

专家编审指导委员会

前　　言

“建筑工程计量与计价”课程作为工程造价和工程管理专业的核心课程，对于专业人才培养目标的实现有着重要的作用。其教学内容需要多门课程的专业知识，如建筑识图、建筑构造、建筑结构、建筑施工、建筑工程定额、建设工程量清单计价规范等。教学中需要设计循序渐进与综合的训练题，引导学生掌握所学知识。

《建筑工程计量与计价综合实训》的内容，根据学生的认知特点，由浅入深。从基础理论概念到应用，从清单到定额，从计量到计价，通过学生工作页的训练方式帮助学生掌握计量与计价各个知识点，掌握相关岗位的技术、技能的综合知识要求。

本书采用工学结合的实训教材编写方法，把计量与计价各个章节知识分解成基础理论和计量与计价实训。学生通过上述实训环节的训练，在掌握计量与计价基础理论知识的基础上，进一步掌握各分部分项、措施项目的计量与计价，并了解其他项目、规费与税金的计算方法。

本书在附录中附有综合楼建筑施工图和结构施工图，要求学生完整地编制一套建筑装饰工程计量与计价文件，从而达到“建筑工程计量与计价实训”课程的教学培养目标。

本书由深圳职业技术学院龚小兰编著，深圳职业技术学院夏清东教授、杨俊参与了部分章节的实验题编写。本书由夏清东教授和深圳建锋造价咨询公司白林德先生担任主审。

感谢我的同行在共同的教学中给予的启迪和帮助！感谢我的学生在教学过程中提出的宝贵意见！

由于个人水平有限，书中不足之处在所难免，恳请批评指正！

龚小兰

2013 年 9 月

CONTENTS

目录

第1篇 建筑工程计价基础

第1章 建筑工程计价概述 …… 3

实训项目一 基础理论 …… 4
实训项目二 项目分解 …… 6

第2章 工程量与工程量清单 …… 7

实训项目一 基础理论 …… 8
实训项目二 工程量清单的编制 …… 10

第3章 建筑工程消耗量定额 …… 13

实训项目一 基础理论 …… 14
实训项目二 建筑工程定额运用 …… 17

第4章 建筑面积计算 …… 22

实训项目一 基础理论 …… 23
实训项目二 建筑面积计算 …… 26

第2篇 分部分项措施项目

第5章 土石方工程 …… 39

实训项目一 基础理论 …… 40
实训项目二 工程计量与计价 …… 43

第6章 桩与地基基础工程 …… 50

实训项目一 基础理论 …… 51
实训项目二 工程计量与计价 …… 52

第7章 砌筑工程 …… 54

实训项目一 基础理论 …… 55
实训项目二 工程计量与计价 …… 57

第8章 混凝土及钢筋混凝土工程 …… 64

实训项目一 基础理论 …… 65
实训项目二 工程计量与计价 …… 67

第9章 屋面及防水工程与保温隔热工程 …… 71

实训项目一 基础理论 …… 72
实训项目二 工程计量与计价 …… 73

第10章 装饰装修工程 …… 77

实训项目一 基础理论 …… 78
实训项目二 工程计量与计价 …… 80

第11章 措施项目 …… 86

实训项目一 基础理论 …… 87
实训项目二 工程计量与计价 …… 88

第3篇 计量与计价文件的编制

第12章 综合楼工程量计算 …… 93

实训项目一 分部分项工程量计算 …… 94
实训项目二 措施项目工程量计算 …… 106

第13章 工程量清单与计价文件的编制 …… 110

实训项目一 封面、编制说明 …… 111
实训项目二 分部分项工程量清单计价 …… 115
实训项目三 措施项目工程量清单计价 …… 126
实训项目四 其他项目工程量清单计价 …… 129
实训项目五 规费和税金清单计价 …… 131
实训项目六 单位工程计价 …… 131
实训项目七 综合单价分析表 …… 132

附录A 综合楼建筑施工图 …… 140

附录B 综合楼结构施工图 …… 153

第 1 篇

建筑工程计价基础

第1章

建筑工程计价概述

实训项目、要求与评价

实训项目与要求					
实训项目	实训要求				
实训项目一　基础理论	了解工程建设概念、内容、计价文件的分类 了解工程造价概念、组成；项目分解的方法和内容 掌握直接费、间接费、利润、税金；清单计价与定额计价模式异同点				
实训项目二　项目分解	了解分部分项的分类，掌握实际工程进行项目分解方法				
备注与说明	查阅清单计价规范，了解计价文件组成 查阅定额了解费用组成 查阅当地的计价文件管理规定				
实训效果、评价与建议					
教学评价	教学方法	◎好	◎中	◎差	
	教学内容	◎好	◎中	◎差	
成绩评定	◎优	◎良	◎中	◎及格	◎不及格
教学建议					

实训项目一　基础理论

一、名词解释

1. 建设项目

2. 单项工程

3. 单位工程

4. 分部分项工程

5. 施工图预算

二、单选题

1. 工程造价多次性计价的程序是(　　)。
A. 估算→概算→预算→结算→决算　　B. 估算→预算→概算→结算→决算
C. 概算→估算→预算→结算→决算　　D. 概算→估算→预算→决算→结算
2. 在项目的可行性研究阶段，应编制(　　)。
A. 投资估算　B. 总概算　C. 施工图预算　D. 修正概算
3. 设计概算是在(　　)阶段，确定工程造价的文件。
A. 技术设计　B. 可行性研究　C. 初步设计　D. 施工图设计
4. 修正概算是在(　　)阶段，确定工程造价的文件。
A. 方案设计　B. 初步设计　C. 技术设计　D. 施工图设计
5. 施工图预算是在　(　　)阶段，确定工程造价的文件。
A. 方案设计　B. 初步设计　C. 技术设计　D. 施工图设计
6. 标底的作用是(　　)。
A. 办理工程结算　　B. 控制工程造价
C. 进行“两算”对比　　D. 确定工程造价
7. 工程实际造价是指(　　)。
A. 合同价　B. 预算造价　C. 竣工决算价　D. 工程结算价
8. 工程造价的计算是分部组合而成的，其计算顺序为(　　)。
A. 分部分项工程单价、单位工程造价、单项工程造价、建设项目总造价
B. 单位工程造价、分部分项工程单价、单项工程造价、建设项目总造价
C. 分部分项工程单价、单项工程造价、单位工程造价、建设项目总造价
D. 单项工程造价、单位工程造价、分部分项工程单价、建设项目总造价
9. 在一个建设项目中，具有独立的设计文件，竣工后可以独立发挥生产能力或效益

的一组配套齐全的工程项目是(　　)。

A. 单项工程　B. 单位工程　C. 分部工程　D. 分项工程

10. 某生产车间的土建工程、设备工程、安装工程均为(　　)。

A. 分部工程　B. 分项工程　C. 单位工程　D. 单项工程

11. 某综合楼的土石方工程、砌筑工程、混凝土及钢筋混凝土工程均为(　　)。

A. 分部工程　B. 分项工程　C. 单位工程　D. 单项工程

12. 某综合楼的土石方工程中平整场地、挖土方均为(　　)。

A. 分部工程　B. 分项工程　C. 单位工程　D. 单项工程

13. 按照《建筑安装工程费用项目组成》规定，建筑安装工程费用项目由(　　)组成。

A. 直接费、间接费和利润　B. 直接费、间接费和税金

C. 直接费、间接费和管理费　D. 直接费、间接费、利润和税金

14. 养老保险费属于建筑安装工程造价费用项目中的(　　)。

A. 规费　B. 管理费　C. 措施费　D. 企业管理费

15. 工程量清单的提供者是(　　)。

A. 建设主管部门　B. 招标人

C. 投标人　D. 工程造价咨询机构

三、多选题

1. 工程项目的种类繁多，按建设性质工程项目可以划分为(　　)。

A. 新建项目　B. 扩建项目　C. 改建项目　D. 迁建项目

2. 工程造价的计价具有(　　)特征。

A. 一次性计价　B. 多件性计价　C. 单件性计价　D. 多次性计价

3. 以下费用属建筑安装工程造价中直接工程费的是(　　)。

A. 人工费　B. 材料费　C. 机械费　D. 材料二次搬运费

4. 以下费用属建筑安装工程造价中直接费的是(　　)。

A. 直接工程费　B. 间接费　C. 措施费　D. 企业管理费

5. 以下费用属建筑安装工程造价中间接费的是(　　)。

A. 规费　B. 利润　C. 税金　D. 企业管理费

6. 下列属于建筑安装工程造价直接费中的措施费是(　　)。

A. 环境保护费　B. 文明施工费　C. 二次搬运费　D. 工程排污费

7. 按我国现行《建筑安装工程费用项目组成》的规定，下列哪些费用项目属于企业管理费？(　　)

A. 工具用具使用费　B. 劳动保险费　C. 医疗保险费　D. 财产保险费

8. 按照《建筑安装工程费用项目组成》的规定，规费包括(　　)。

A. 安全施工费　B. 工程排污费　C. 工程定额测定费　D. 住房公积金

9. 建筑工程计价模式有(　　)。

A. 清单计价　B. 综合计价　C. 定额计价　D. 其他

10. 按照(GB50500—2013)《建筑工程工程量清单计价规范》建筑工程的税金包括(　　)。

A. 营业税　B. 教育费附加　C. 城市维护建设税　D. 地方教育费附加

四、判断题

1. 施工图预算的编制对象是单项工程。（　　）
2. 规费是指政府和有关权力部门规定必须缴纳的费用，投标报价时可作为竞争性费。（　　）
3. 单项工程就是分项工程的简称。（　　）
4. 建筑安装工程费由人工费、材料费、机械费、管理费、利润组成。（　　）
5. 施工图预算的计算对象是分项工程。（　　）

实训项目二　项目分解

1. 填写附录综合楼单项工程项目分解表。

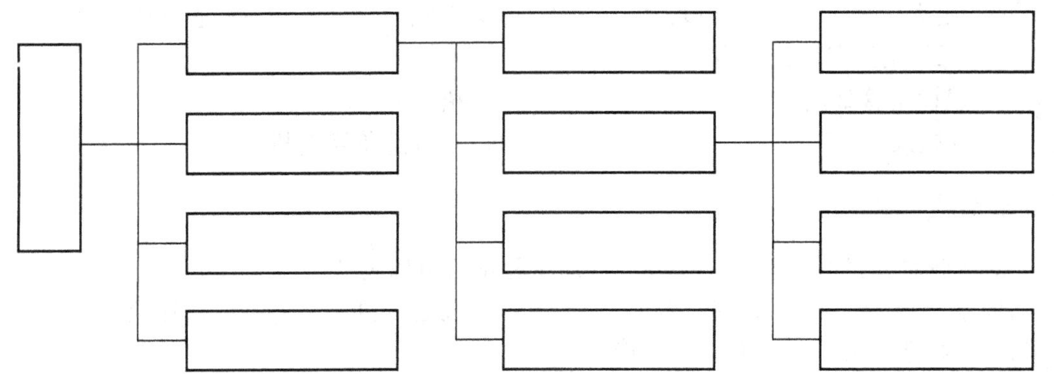

2. 结合 GB 50854——2013《房屋建筑与装饰工程工程量计算规范》，列出房屋建筑与装饰工程结构设置表附录 A～S 的分部名称。

房屋建筑与装饰工程	
1. 总则	
2. 术语	
3. 工程计量	
4. 工程量清单规则	
房屋建筑工程	**装饰工程**
附录 A:	附录 K
附录 B	附录 L
附录 C	附录 M
附录 D	附录 N
附录 E	附录 P
附录 F	附录 Q
附录 G	附录 R
附录 H	附录 S
附录 J	

第2章

工程量与工程量清单

实训项目、要求与评价

实训项目与要求	
实训项目	实训要求
实训项目一 基础理论	工程量的概念、意义，工程量的计量单位、准确度，工程量的计算依据、应遵循的原则
实训项目二 工程量清单的编制	分部分项清单：项目编码、项目名称、项目特征、计量单位、计算规则、措施项目清单、其他项目清单、规费项目清单、税金项目清单
备注与说明	查阅资料：工程图纸、图集、工程量清单规范
实训效果、评价与建议	
教学评价	教学方法 ◎好 ◎中 ◎差
	教学内容 ◎好 ◎中 ◎差
成绩评定	◎优 ◎良 ◎中 ◎及格 ◎不及格
教学建议	

实训项目一　基础理论

一、名词解释

1. 工程量

2. 工程量清单

3. 结合《房屋建筑与装饰工程工程量计算规范》(GB 50854—2013)解释的分部分项项目编码的含义

01 01 01 001 001

01 11 01 005 001

01 17 02 005 001

4. 暂列金

二、清单规范填空

1. 工程量清单包括分部分项工程量清单、措施项目清单、其他项目清单、(　　　　)、(　　　　)五部分。

2.《建设工程工程量清单计价规范》规定构成一个分部分项工程量清单的5个要件是(　　　　)、(　　　　)、(　　　　)、(　　　　)、(　　　　)。

三、单选题

1. 工程量清单是表现拟建工程的(　　)、措施项目、其他项目、规费、税金名称相应数量的明细清单。

A. 分部分项工程项目　　B. 建设项目
C. 单项工程项目　　D. 单位工程项目

2. 下列(　　)项目属于分部分项清单项目。

A. 矩形柱　　B. 柱模板　　C. 垂直运输　　D. 脚手架

3. 下列(　　)项目属于措施清单项目。

A. 矩形柱　　B. 柱模板　　C. 楼地面工程　　D. 240外墙

4. 合理的清单项目设置和准确的(　　)是清单计价的前提和基础。

A. 工程量　　B. 工程额　　C. 计量单位　　D. 项目数量

5. 以下不属于工程量清单计价特点的是(　　)。

A. 有利于市场的公平竞争　　B. 有利于风险的合理分担

C. 减少重复计算工作量　　D. 不利于投资控制

6. 工程预算造价主要取决于两个因数(　　)。

A. 工程量、计量单位　　B. 工程量、工程单价

C. 暂估价、工程单价　　D. 工程量、其他项目

7. 完整的工程量清单项目编码是在(　　)全国统一编码后增加三位具体项目编码。

A. 2位　　B. 4位　　C. 6位　　D. 9位

8. 计算工程量应遵循的原则，以下不对的是(　　)。

A. 原始数据必须和设计图纸相一致

B. 计算单位必须与清单(或定额)相一致

C. 计算规则必须与清单(或定额)相一致

D. 计算口径可以与清单(或定额)不一致

9. 在工程量清单的“措施项目一览表”中，不属于通用项目的是(　　)。

A. 大型机械设备进出场及安拆　　B. 二次搬运

C. 已完工程及设备保护　　D. 垂直运输机械

10. 分部分项工程量清单与计价表中应包括(　　)。

A. 工程量清单表和工程量清单说明

B. 项目编码、项目名称、项目特征、计量单位和工程量

C. 工程量清单、措施项目一览表和其他项目清单

D. 项目名称、项目特征、工程内容等

四、多选题

1. 工程量计算依据包括(　　)。

A. 经审定的施工图　　B. 工程量计算规则

C. 综合单价　　D. 经审定的施工方案

E. 经审定的施工组织设计

2. 工程量计算准确度为(　　)。

A. 立方米(m^3)、平方米(m 2)及米(m)以下取三位小数

B. 吨(t)以下取三位小数

C. 千克(kg)、件等取整数

D. 立方米(m^3)、E. 平方米(m 2)及米(m)以下取两位小数

3. 工程量清单是招标文件的组成部分，主要由(　　)等组成。

A. 分部分项工程量清单　　B. 投标报价单

C. 措施项目清单　　D. 其他项目清单

E. 规费清单和税金清单

4. 工程量清单规范统一了(　　)。

A. 项目名称　　B. 项目名称和项目特征

C. 计算规则　　D. 项目编码

E. 计量单位

5. 工程量清单计价中，分部分项工程的综合单价由完成规定计量单位工程量清单项目所需(　　)等费用组成。

A. 人工费、材料费、机械使用费　　B. 管理费

C. 临时设施费　　D. 利润

E. 税金

6. 下列(　　)项目属于措施清单项目

A. 矩形柱　　B. 柱模板　　C. 垂直运输

D. 脚手架　　E. 平整场地

7. 下列(　　)项目属于分部分项清单项目

A. 矩形柱　　B. 柱模板　　C. 楼地面工程

D. 240 外墙　　E. 安全文明施工

8. 下列(　　)项目属于其他清单项目

A. 暂列金　　B. 暂估价　　C. 计日工

D. 总包服务费　　E. 二次搬运费

9. 下列(　　)项目属于规费清单项目

A. 工程排污费　　B. 社会保险费

C. 住房公积金　　D. 危险作业意外保险

E. 劳动保险费

10. 工程量清单计价与定额计价的区别有(　　)。

A. 编制工程量的单位不同　　B. 编制依据不同

C. 编制工程量清单的时间不同　　D. 项目编码不同

E. 费用组成不同

五、判断题

1. 暂列金是指承包人为可能发生的工程量变更而预留的金额。(　　)

2. 计日工以完成零星工作所消耗人工工时、材料数量、机械台班进行计量。(　　)

3. 其他项目清单应根据拟建工程的具体情况，参照下列内容列项：暂列金额、暂估价、计日工、总包服务费。(　　)

4. 工程量清单综合单价包含规费和税金。(　　)

5. 对于同一项目，清单计算单位和定额计算单位是一致的。(　　)

实训项目二　工程量清单的编制

某茶室独立基础如图 2.1 所示，C25 混凝土碎石径 20mm，基底标高－1.5m，独基尺寸见表 2.1，垫层混凝土标号 C15，厚 100mm，每边处 100mm。根据《建设工程工程量清单计价规范》完成以下问题。

问题 1：计算独立基础混凝土和垫层的工程量，填入表 2.2 中。

问题 2：确定项目名称、计量单位、项目编码。

问题 3：编制独立基础分部分项工程量清单(表 2.3)。
问题 4：编制独立基础模板措施项目清单(表 2.4)。

表 2.1 独基尺寸

编号	数量	尺寸		
		长(*A*, mm)	宽(*B*, mm)	高(*H*, mm)
J1	4	1200	1200	600
J2	4	1400	1400	600
J3	4	1600	1600	600

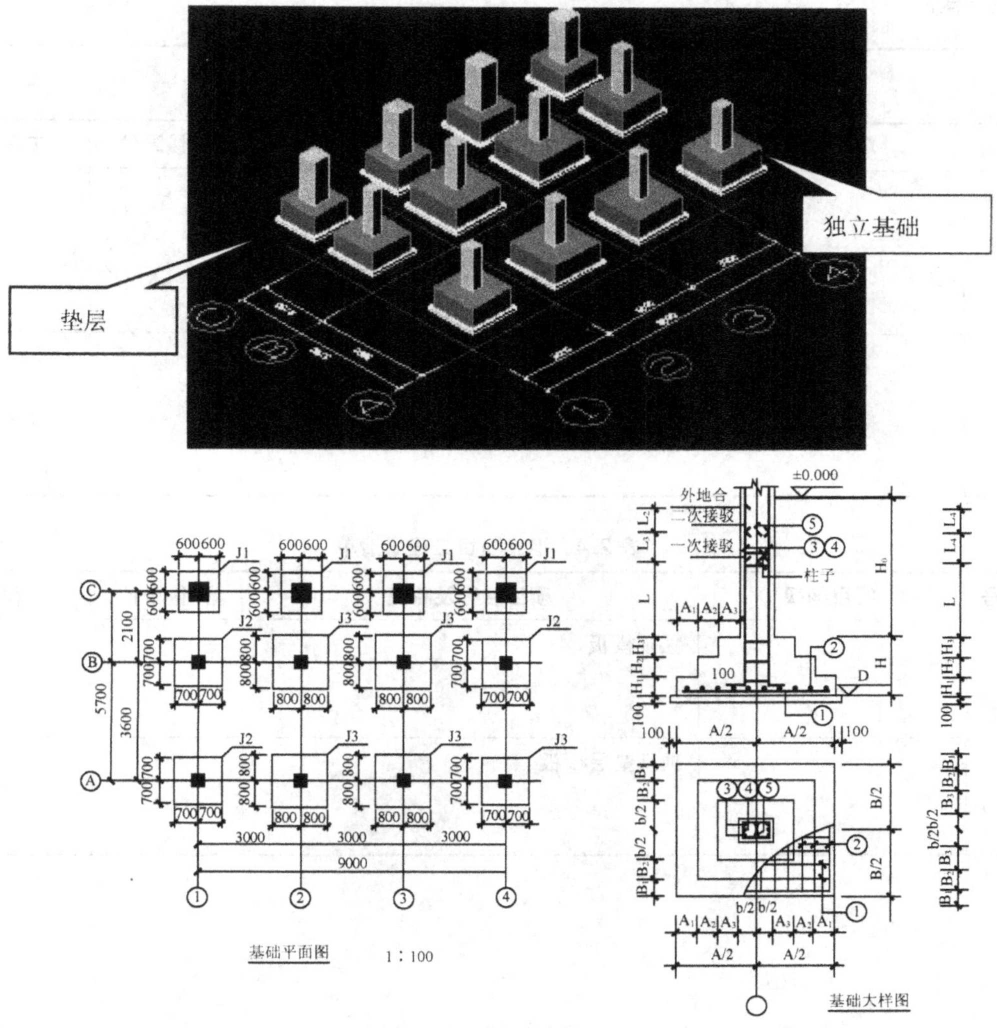

图 2.1 独立基础示意图

表 2.2 工程量计算书

项目名称	工程量	单位	计算过程	备注
C25 独基混凝土				
独基模板				
C15 垫层混凝土				
垫层模板				

表 2.3 分部分项工程量清单

序号	项目编码	项目名称及特征	计量单位	工程量
1		A. 4. 1 现浇混凝土基础 独立基础 混凝土强度等级：C25 混凝土拌合要求：碎石粒径 5～40mm		

表 2.4 措施项目工程量清单

序号	项目编码	项目名称及特征	计量单位	工程量
		独基模板		
		独基垫层模板		

第3章

建筑工程消耗量定额

实训项目、要求与评价

实训项目与要求					
实训项目	实训要求				
实训项目一　基础理论	掌握定额的概念与分类；了解概算定额、预算定额、施工定额的概念、用途与适用范围；建筑工程预算定额册的组成，计算分项工程消耗量；掌握建筑工程预算定额的编制				
实训项目二　建筑工程定额运用与换算	人工、材料、机械台班消耗量确定、计算方法；了解建筑工定额计价方法、换算条件和换算方法				
备注与说明	查阅资料：定额、工程图				
实训效果、评价与建议					
教学评价	教学方法	◎好	◎中	◎差	
	教学内容	◎好	◎中	◎差	
成绩评定	◎优	◎良	◎中	◎及格	◎不及格
教学建议					

实训项目一　基础理论

一、名词解释

1. 建设工程定额

2. 劳动定额

3. 材料消耗量定额

4. 机械台班消耗量定额

5. 材料损耗率

二、单选题

1. 建筑工程定额按生产要素分为(　　)。

A. 劳动定额、材料消耗量定额和机械台班消耗量定额

B. 施工定额、预算定额、概算定额、概算指标和估算指标

C. 全国统一定额、地方统一定额、专业部定额和一次性补充定额

D. 建筑工程定额、安装工程定额

2. 建筑工程定额按用途划分为(　　)。

A. 概算定额、预算定额、施工定额

B. 全国定额、地方定额、企业定额

C. 劳动定额、材料消耗量定额、机械台班消耗量定额

D. 预算定额、企业定额、劳动定额

3. 在编制初步设计概算时，计算和确定工程概算造价，计算劳动、机械台班、材料需用量所使用的定额是(　　)。

A. 概算定额　　B. 概算指标　　C. 预算定额　　D. 预算指标

4. 建筑工程预算定额是根据一定时期(　　)水平，对生产单位产品所消耗的人工、材料、机械台班所规定的数量标准。

A. 社会平均　　B. 社会平均先进　　C. 企业平均　　D. 企业平均先进

5. 定额水平高是指定额工料消耗(　　)。

A. 高　　B. 低　　C. 多　　D. 一般

6. 时间定额与产量定额之间的关系是(　　)。

A. 互为倒数　　B. 互成正比

C. 需分别独立测算　　D. 没什么关系

7. 预算定额中人工工日消耗量应包括(　　)。

A. 基本用工

B. 基本用工和其他用工两部分

C. 基本用工、辅助用工和人工幅度差三部分

D. 基本用工、其他用工和人工幅度差三部分

8. 预算定额人工消耗量中的人工幅度差是指(　　)。

A. 预算定额消耗量与概算定额消耗量的差额

B. 预算定额消耗量自身的误差

C. 预算人工定额必须消耗量与净耗量的差额

D. 预算定额消耗量与劳动定额消耗量的差额

9. 预算定额是规定(　　)的标准。

A. 劳动力、材料和机械的消耗数量　　B. 劳动力、材料和机械的消耗价值

C. 分部工程价格　　D. 分项工程价格

10. 计算人工、材料、机械等实物消耗量依据的是(　　)。

A. 设计文件　　B. 预算定额　　C. 材料价格　　D. 造价指数

11. 材料定额消耗量中的材料净耗量是指(　　)。

A. 材料必需消耗量

B. 施工中消耗的所有材料量

C. 直接用到工程上构成工程实体的消耗量

D. 在合理和节约使用材料前提下的材料用量

12. 建设工程预算定额中材料的消耗量(　　)。

A. 仅包括了净用量

B. 既包括了净用量，也包括了损耗量

C. 有的定额包括了损耗量，有的定额未包括损耗量

D. 既包括了净用量，也包括了损耗量，损耗量中还包括运输过程中的损耗量

13. 在下列项目中，不应列入预算定额材料消耗量的是(　　)。

A. 构成工程实体的材料消耗量

B. 在施工操作过程中发生的不可避免的材料损耗量

C. 在施工操作地点发生的不可避免的材料损耗量

D. 在施工过程中对材料进行一般性鉴定或检查所消耗的材料量

14. 据预算定额分析出来的墙面砖用量 1 500m^2，则应购买 200mm×300mm 的墙面砖(　　)。

A. 25 000 块　　B. 30 000 块　　C. 5 000 块　　D. 20 000 块

15. 依据广东定额计价办法，其定额基价包括(　　)。

A. 人工费+材料费+机械费+管理费
B. 人工费+材料费+机械费
C. 人工费+材料费+机械费+管理费+利润
D. 人工费+材料费+机械费+管理费+利润+税金

三、多选题

1. 预算定额具有(　　)特性。
A. 科学性　　B. 完整性　　C. 权威性　　D. 群众性
2. 预算定额的编制原则有(　　)原则。
A. 平均水平　　B. 先进水平　　C. 简明适用　　D. 简单适用
3. 编制材料消耗定额的方法有(　　)。
A. 现场技术测定法　　B. 经验估计法
C. 统计法　　D. 比较类推法
4. 预算定额可以根据(　　)编制。
A. 劳动定额　　B. 工期定额
C. 材料消耗定额　　D. 机械台班定额
5. 预算定额中材料消耗量包括(　　)。
A. 材料净耗量　　B. 材料不可避免的损耗量
C. 材料运输损耗量　　D. 周转材料摊销量

四、判断题

1. 完成单位产品所需要的劳动时间称为产量定额。　(　　)
2. 材料消耗定额的消耗量包括不可避免的施工废料。　(　　)
3. 预算定额由企业编制。　(　　)
4. 施工定额的水平应该是平均先进水平。　(　　)
5. 概算定额是在预算定额的基础上综合的。　(　　)
6. 定额水平与定额的消耗量成正比。　(　　)
7. 可以通过现场测定确定各子目的人工消耗量。　(　　)
8. 当施工图中的分项工程项目不能直接套用预算定额时就产生了定额换算。　(　　)
9. 工程所需消耗的各种用量可采用工程量乘以定额消耗指标计算出来。　(　　)
10. 预算定额确定一个单位的工程量所消耗的工、料、机消耗量。　(　　)

五、计算题

1. 计算砌块尺寸为100mm×190mm×190mm的190mm厚的混凝土空心砌块墙的砂浆和砌块总消耗量(灰缝10mm，砌块与砂浆的损耗率均为2%，砂浆折合成虚体积为1.07)。

2. 某工程外墙贴面砖，面砖规格为300mm×200mm×5mm，设计灰缝25mm，用1∶3水泥砂浆做结合层厚10mm，1∶1水泥砂浆贴面砖，面砖损耗率为2%，砂浆损耗率为1%，试计算每100m²外墙面砖和砂浆总消耗量。

实训项目二　建筑工程定额运用

1. 结合表3.2深圳消耗量定额，表3.3广东建筑与装饰消耗量定额，计算独立基础C25钢筋混凝土基础工程量为40.8m³的工、料、机消耗量，将计算结果填入表3.1，对比深圳消耗量与广东消耗量有什么不同。

表3.1　工料机分析表

<table>
<tr><th>定额类别</th><th colspan="2">工料机名称</th><th>单位</th><th>用量</th></tr>
<tr><td rowspan="8">深圳建筑工程消耗量定额2003</td><td colspan="2">1004—15　非泵送现浇混凝土浇捣</td><td>10m³</td><td>计算公式＝工程量/单位×消耗量</td></tr>
<tr><td>人工</td><td>技术工日</td><td>工日</td><td></td></tr>
<tr><td rowspan="3">材料</td><td>C25预拌混凝土(粒径40mm)</td><td>m³</td><td></td></tr>
<tr><td>水</td><td>m³</td><td></td></tr>
<tr><td>其他材料费</td><td>m³</td><td></td></tr>
<tr><td rowspan="2">机械</td><td>机械翻斗车1t(小时)</td><td>台班</td><td></td></tr>
<tr><td>混凝土振捣器</td><td>台班</td><td></td></tr>
<tr><td colspan="2">A4—2基础，其他混凝土基础</td><td>10m³</td><td></td></tr>
<tr><td rowspan="7">广东建筑与装饰综合定额</td><td>人工</td><td>综合工日</td><td>工日</td><td></td></tr>
<tr><td rowspan="3">材料</td><td>水</td><td>m³</td><td></td></tr>
<tr><td>含量，混凝土(制作)</td><td>m³</td><td></td></tr>
<tr><td>其他材料费</td><td></td><td></td></tr>
<tr><td rowspan="2">机械</td><td>混凝土浇捣器(插入式)</td><td>台班</td><td></td></tr>
<tr><td>机动车翻斗车装载质量1(t)</td><td>台班</td><td></td></tr>
</table>

2. 深圳某商住楼，采用独立基础，C25 钢筋混凝土，工程量为 40.8m^3。深圳消耗量定额见表 3.2，按深圳计价依据计算定额人工费、材料费、机械费、管理费、利润及综合单价与合价并填入表 3.3。（说明：2003 年定额册管理费率为 12%，2012 年计价办法调整为 15%）

表 3.2　非泵送现浇基础混凝土浇捣、养护　　单位：10m^3

子目编号				1004－14	1004－15
子目名称				独立基础	
				毛石混凝土	混凝土
	工料机名称	单位	单价(元)	消耗量	
人工	技术工日	工日	40	4.96	6.81
材料	C20 预拌混凝土（粒径 40mm）	m^3	386.21	8.63	10.15
	毛石	m^3	38	2.72	
	水	m^3	2.4	3.8	3.31
	其他材料费	元	1.00	6.89	6.39
机械	机械翻斗车 1t(小型)	台班	144.16	0.33	0.39
	混凝土振捣器	台班	14.89	0.66	0.77
深圳 2003 参考综合价				3919.29	4523.36

表 3.3　定额综合单价与合价　　计量单位：

费用名称	计算公式	计算过程
人工费(元)	人工消耗量×人工单价	
材料费(元)	Σ(材料消耗量×材料单价)	
机械费(元)	Σ(机械消耗量×机械单价)	
管理费(元)	(人工费＋0.1×机械费)×管理费率(15%)	
利润(元)	(人工费＋材料费＋机械费＋管理费)×利润费率(5%)	
定额综合单价(元)	人工费＋材料费＋机械费＋管理费＋利润	
定额合价(元)	工程量×定额单价	

3. 广州某商住楼，采用独立基础，C25 钢筋混凝土，工程量为 37.06m^3。《广东建筑与装饰综合定额》见表 3.4，按广州计价依据计算定额人工费、材料费、机械费、管理费、利润及综合单价与合价并填入表 3.5。

表 3.4　A.4.1.1 现浇建筑物混凝土工程

1. 基础　　　　计量单位：$10m^3$

工作内容：混凝土(制作)、运输、浇捣、养护。

定额编号				A4－1	A4－2	A4－3	A4－4
子目名称				毛石混凝土基础	其他混凝土基础	地下室地板	电梯坑
基价(元)		一类		656.68	725.27	527.06	861.29
		二类		643.16	705.37	512.69	837.59
		三类		629.64	685.47	498.32	813.9
		四类		616.12	665.57	483.96	790.2
其中	人工费(元)			282.54	443.19	287.13	548.76
	材料费(元)			172.31	12.29	12.39	12.39
	机械费(元)			93.67	110.58	112.61	110.58
	管理费(元)	一类		108.16	159.21	114.93	189.56
		二类		94.64	139.31	100.56	165.86
		三类		81.12	119.41	86.19	142.17
		四类		67.6	99.51	71.83	118.47
编码	名称	单位	单价(元)	消耗量			
1001	综合工日	工日	51.00	5.54	8.69	5.63	10.76
411001	毛石(综合)	m^3	59.16	2.72			
3115001	水	m^3	2.80	4.07	4.39	2.10	2.10
8021379	含量：混凝土(制作)			[8.590]	[10.100]	[10.100]	[10.100]
9946131	其他材料费	元	1.00			6.51	6.51
9905441	混凝土振捣器(插入式)	台班	11.59	0.66	0.77		0.77
9905451	混凝土振捣器(平板式)	台班	14.23			0.770	
9907351	机动翻斗车装载质量 1(t)	台班	130.33	0.660	0.780	0.780	0.780

注：本表摘自 2010 年《广东省建筑与装饰综合定额 2010》(上册)

表 3.5　定额综合单价　　　　计量单位：

费用名称	计算公式	计算过程
人工费(元)	人工消耗量×人工单价	
材料费(元)	Σ(材料消耗量×材料单价)	

续表

费用名称	计算公式	计算过程
机械费(元)	Σ(机械消耗量×机械单价)	
管理费(元)	(人工费+机械费)×管理费率×系数	
利润(元)	人工费×利润费率	
定额综合单价	人工费+材料费+机械费+管理费+利润	

4. 定额换算。根据给出条件，进行定额换算，结合本地区定额计算其综合单价。

(1) 材料变化—砂浆、混凝土标号的不同换算。

① 某工砖外墙(240mm 厚)采用 M7.5 水泥砂浆砌筑，试计算 300m^3 外墙综合单价并填入表 3.6。

表 3.6 定额综合单价 计量单位：

费用名称	计算公式	计算过程
人工费(元)		
材料费(元)		
机械费(元)		
管理费(元)		
利润(元)		
定额综合单价		
合价		

② 深圳某商住楼，采用独立基础，采用 C30 钢筋混凝土，工程量 40.8m^3，深圳消耗量定额见表 3.7，按深圳计价依据计算定额人工费、材料费、机械费、管理费、利润及综合单价与合价。

表 3.7 定额综合单价 计量单位：

费用名称	计算公式	计算过程
人工费(元)		
材料费(元)		
机械费(元)		
管理费(元)		
利润(元)		
定额综合单价		
合价		

(2) 构件规格变化—材料厚度不同计算。

某卫生间楼地面，装饰工程设计要求用 1∶3 水泥砂浆抹面 25mm 厚，试计算 300m^2

的水泥砂浆的定额综合单价与合价。

表 3.8 定额综合单价 计量单位：

费用名称	计算公式	计算过程
人工费(元)		
材料费(元)		
机械费(元)		
管理费(元)		
利润(元)		
定额综合单价		
合价		

(3) 施工条件变化—系数换算。

① 某土方工程需挖土 4m 深，地面 2m 以上土的含水率为 15%，地面 2m 以下含水率为 30%，试计算两种含水率的土方各挖 100m^2的综合价分别是多少？并填入表 3.9(已知土壤为二类土，采用人工挖土开挖)

表 3.9 定额综合单价 计量单位：

费用名称	计算公式	计算过程
人工费(元)		
材料费(元)		
机械费(元)		
管理费(元)		
利润(元)		
定额综合单价		
合价		

② 计算 200mm 厚 200m^3 弧形轻质混凝土砌块墙综合单价、合价并将其填入表 3.10。

表 3.10 定额综合单价 计量单位：

费用名称	计算公式	计算过程
人工费(元)		
材料费(元)		
机械费(元)		
管理费(元)		
利润(元)		
定额综合单价		
合价		

第4章

建筑面积计算

实训项目、要求与评价

实训项目与要求	
实训项目	实训要求
实训项目一　基础理论	掌握按一半计算建筑面积的范围：阳台，层高小于2.2m的建筑，悬挑大于2.1m的雨棚 掌握不计算建筑面积的范围：露台、花架，悬挑小于2.1m的雨棚 了解特殊部位建筑面积计算方法，楼梯、电梯管道井建筑面积计算
实训项目二　建筑面积计算	根据图形特点，结合建筑面积计算规则计算各层建筑面积
备注与说明	建筑施工图 建筑面积计算规范
实训效果、评价与建议	
教学评价	教学方法　◎好　◎中　◎差
	教学内容　◎好　◎中　◎差
成绩评定	◎优　◎良　◎中　◎及格　◎不及格
教学建议	

实训项目一 基础理论

一、填空题

填写建筑面积计算规则汇总表4.1，注意区分计算全面积、半面积及不计算建筑面积的范围。

表4.1 建筑面积计算规则汇总表

项　　目	计算规则
单层建筑物、多层建筑物	
地下室、地下仓库等	
架空层	
门厅、大厅，穿过通道 大厅内回廊	
楼梯间、电梯井等	
书库、立体仓库	
舞台灯光控制室	
设备管道层、储藏室	
雨篷	
车棚、站台等	
屋面上部的楼梯间、水箱间、电梯	
门斗、眺望间、挑廊、走廊等	
走廊、檐廊	
凹阳台、挑阳台	
有顶盖室外楼梯	
花架、凉棚、露台	
附墙柱、垛、台阶、漂窗	
建筑物内变形缝、沉降缝	

二、单选题

1. 建筑面积是指(　　)之和。

A. 使用面积与辅助面积　　B. 使用面积与结构面积

C. 辅助面积与结构面积　　D. 有效面积与结构面积

说明：有效面积＝使用面积＋辅助面积

2. 单层建筑物按如下规定计算建筑面积(　　)。

A. 层高超过 2.2m，按一层计算建筑面积

B. 不论其高度如何，均按一层计算建筑面积

C. 层高 6～9m，按 1.5 倍计算

D. 层高 9m 以上，按 1.5 倍计算建筑面积

3. 以下应计算建筑面积的是(　　)。

A. 层高为 2.3m 的地下商店

B. 建筑物内的操作平台

C. 屋面上部有顶盖和 1.4m 高钢管围栏的凉棚

D. 外挑宽度 1.6m 的悬挑雨篷

4. 建筑物的大厅内设有回廊且高度大于 2.2m 时，回廊建筑面积(　　)。

A. 按结构底板水平面积计算　　B. 不论高低如何均按一层计算

C. 不计算　　D. 按大厅的净面积计算

5. 电梯井、提物井、垃圾道、管道井的建筑面积应当(　　)。

A. 按建筑物自然层计算　　B. 按建筑物自然层面积的 1/2 计算

C. 按建筑物自然层面积的 3/4 计算　　D. 不计算

6. 以下项目中不计算建筑面积的有(　　)。

A. 变形缝　　B. 台阶

C. 2.3m 顶层楼梯间　　D. 阳台

7. 两建筑物间有顶盖无围护结构架空走廊的建筑面积按　(　　)。

A. 走廊底板净面积计算　　B. 走廊底板净面积的 1/2 计算

C. 走廊顶盖水平投影面积计算　　D. 走廊顶盖水平投影面积的 1/2 计算

8. 某舞台灯光控制室有围护结构，层高 2.5m，外围水平面积为 $100m^2$，其实际层数为 3 层，则其建筑面积为(　　)。

A. $100m^2$　　B. $200m^2$　　C. $150m^2$　　D. $300m^2$

9. 某高校新建一栋六层教学楼，建筑面积 18 $000m^2$，经消防部门检查认定，建筑物内楼梯不能满足紧急疏散要求。为此又在两端墙外各增设一个封闭疏散楼梯，每个楼梯间的每层水平投影面积为 $16m^2$。根据《全国统一建筑工程预算工程量计算规则》规定，该教学楼的建筑面积应为(　　)m^2。

A. 18 192　　B. 18 160　　C. 18 096　　D. 18 000

10. 某二层矩形砖混结构建筑，长为 20m，宽为 10m(均为轴线尺寸)，抹灰厚为 2.5cm，内外墙均为一砖厚，则该建筑物的建筑面积为(　　)。

A. $207.26m^2$　　B. $414.52m^2$　　C. $208.02m^2$　　D. $416.04m^2$

11. 屋面上有围护结构的电梯机房，层高为 3.0m，其建筑面积应(　　)。

A. 不计算

B. 按其围护结构外围水平投影面积计算

C. 按其围护结构外围水平投影面积一半计算

D. 按其顶盖水平投影面积一半计算

12. 下列项目中，按一半计算建筑面积的有(　　)。

A. 挑阳台　　B. 露台

C. 悬挑宽度小于 2.1m 的雨篷　　D. 台阶

13. 下列关于建筑面积计算规则正确的是(　　)。

A. 室内电梯井按建筑自然层计算建筑面积

B. 室内电梯井按一层计算建筑面积

C. 室内电梯井不计算建筑面积

D. 室内垃圾井按一层计算建筑面积

14. 一栋四层砖混住宅楼，勒脚以上结构外围水平面积每层为 930m^2，二层以上每层有 8 个无围护结构的挑阳台，每个阳台水平投影面积 4m^2，入口处有一雨篷，悬挑宽度 2.5m，投影面积 4m^2，该住宅楼的建筑面积为(　　)m^2。

A. 3816　　B. 3768　　C. 3770　　D. 3720

15. 某多层建筑物层高为 3.3m，首层有一大厅净高 6.6m，其大厅建筑面积按(　　)计算。

A. 一层　　B. 一层半

C. 二层　　D. 水平投影面积的一半

三、多选题

1. 单层建筑物内设有局部楼层者，局部楼层的二层及以上楼层(　　)。

A. 有围护结构的应按其围护结构外围水平面积计算建筑面积

B. 无围护结构的应按其结构底板水平面积计算建筑面积

C. 层高在 2.20m 及以上者应计算全面积

D. 层高不足 2.20m 者应计算 1/2 面积

2. 多层建筑物首层应按其外墙勒脚以上结构外围水平面积计算，二层及以按其外墙结构外围水平面积计算(　　)。

A. 层高 2.20m 者计算全面积

B. 层高不超过 2.2m 者计算全面积

C. 层高不足 2.20m 者应计算 1/2 面积

D. 层高不足 1.5m 者不计算面积

3. 利用坡屋顶内空间时，(　　)。

A. 净高在 1.2～2.1m 的部位应计算 1/2 面积

B. 净高不足 1.2m 的部位不应计算面积

C. 净高在 4.2m 以上的部位应计算 2 倍面积

D. 净高在 3.0m 以上的部位才能计算面积

4. 门厅、大厅内设有回廊时，(　　)。

A. 应按其结构底板水平面积计算建筑面积

B. 层高在 2.20m 及以上者计算全面积

C. 层高不足 2.20m 者应计算 1/2 面积

D. 层高不足 1.20m 者不计算建筑面积

5. 建筑物顶部有围护结构的楼梯间、水箱间、电梯机房(　　)。

A. 层高 2.20m 者应计算建筑面积

B. 层高 2.20m 以上者计算建筑面积

C. 层高不足 2.20m 者应计算 1/2 建筑面积

D. 层高不足 1.8m 者不计算建筑面积

6. 不计算建筑面积的有(　　)。

A. 凹阳台　　B. 挑阳台　　C. 勒脚　　D. 室外爬梯

7. 以下不计算建筑面积的有(　　)。

A. 屋顶水箱　　B. 外墙面抹灰

C. 独立烟囱　　D. 建筑物的内变形缝

8. 以下项目中，应计算建筑面积的有(　　)。

A. 设备管道夹层　　B. 有柱的站台　　C. 台阶　　D. 凹阳台

9. 以下应计算建筑面积的有(　　)。

A. 建筑物内的变形缝

B. 阳台

C. 突出外墙的悬挑雨篷，悬挑长度小于 2.1m

D. 有顶盖室外楼梯

10. 建筑物内(　　)应按自然层计算建筑面积。

A. 楼梯间　　B. 电梯间　　C. 管道井　　D. 附墙烟囱

四、判断题

1. 建筑面积是工程的重要技术经济指标。(　　)
2. 层高是指上下两层之间的净高。(　　)
3. 单层建筑物高度在 2.20m 以上者应计算全面积。(　　)
4. 层高不足 2.20m 的多层建筑物应计算 1/2 面积。(　　)
5. 室外楼梯计算全部建筑面积。(　　)
6. 建筑物内的变形缝不计算建筑面积。(　　)
7. 屋顶花园不计算建筑面积。(　　)
8. 台阶要计算建筑面积。(　　)
9. 垃圾道不计算建筑面积。(　　)
10. 突出墙外的砖柱不计算建筑面积。(　　)

实训项目二　建筑面积计算

1. 计算如图 4.1 所示的一至五层建筑面积，已知层高为 3.6m，出口处有一雨篷，长 4 000mm，宽 2 500mm。墙厚为 240mm，轴线过墙中心线。

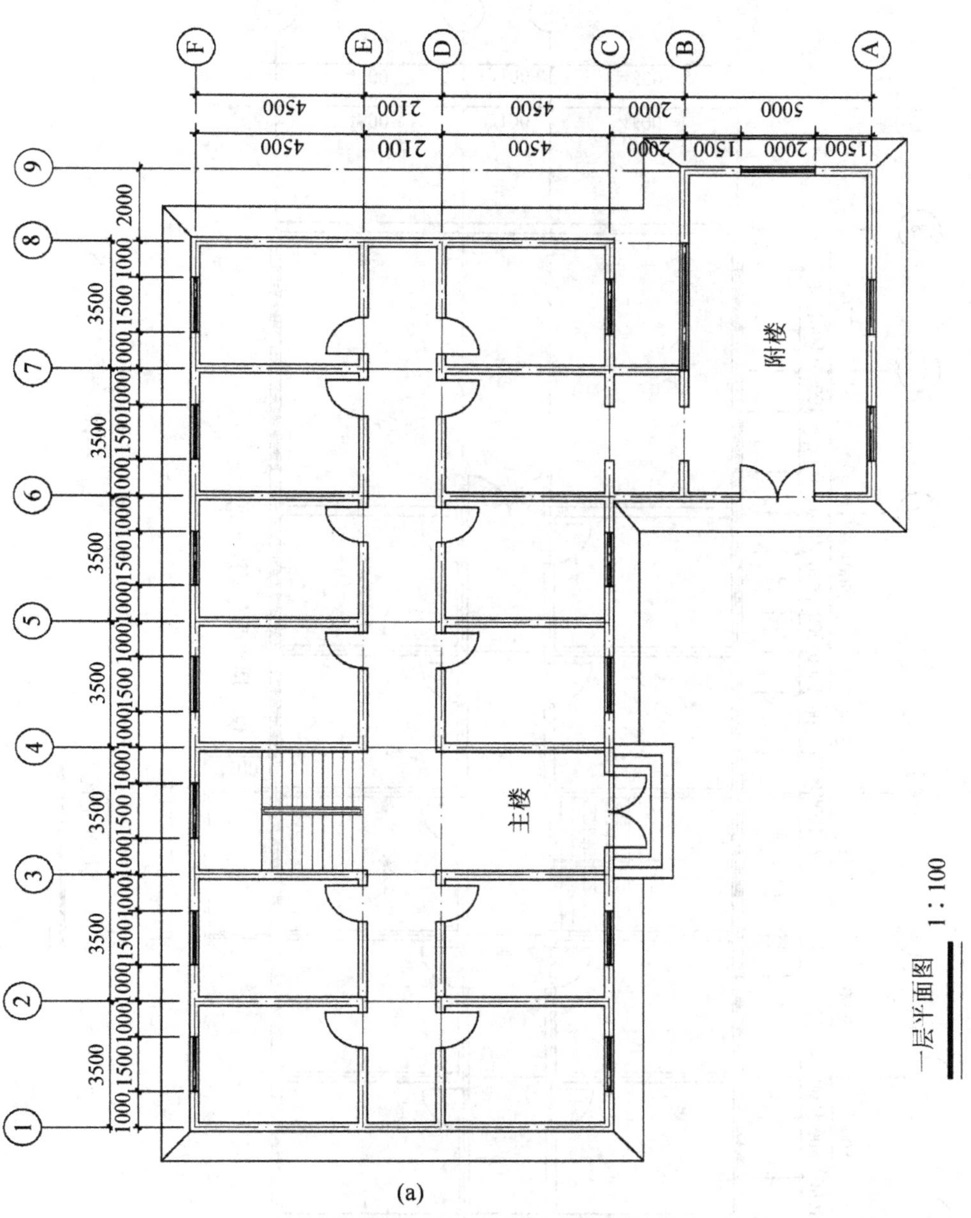

(a)

图 4.1 一至五层平面图

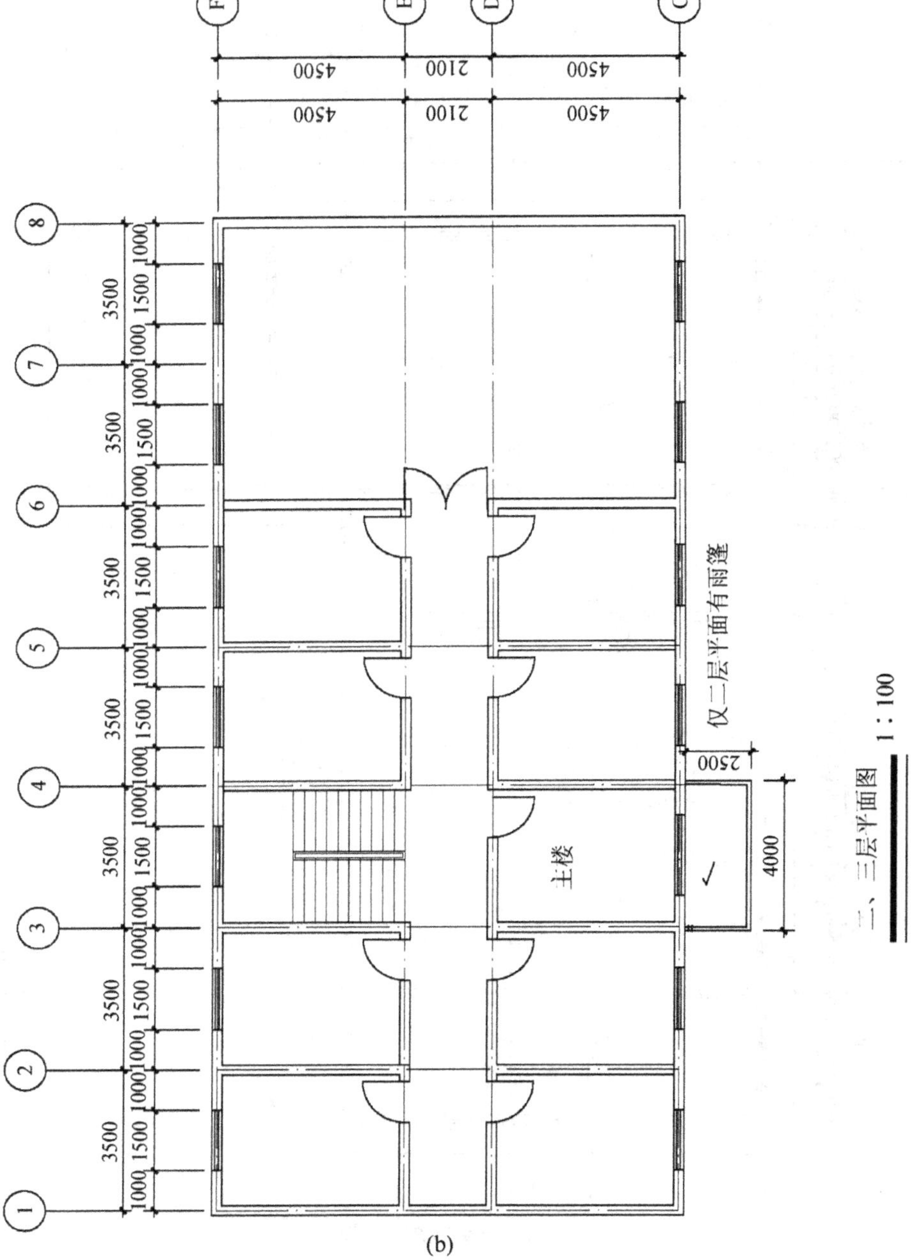

(b)

图 4.1　一至五层平面图(续)

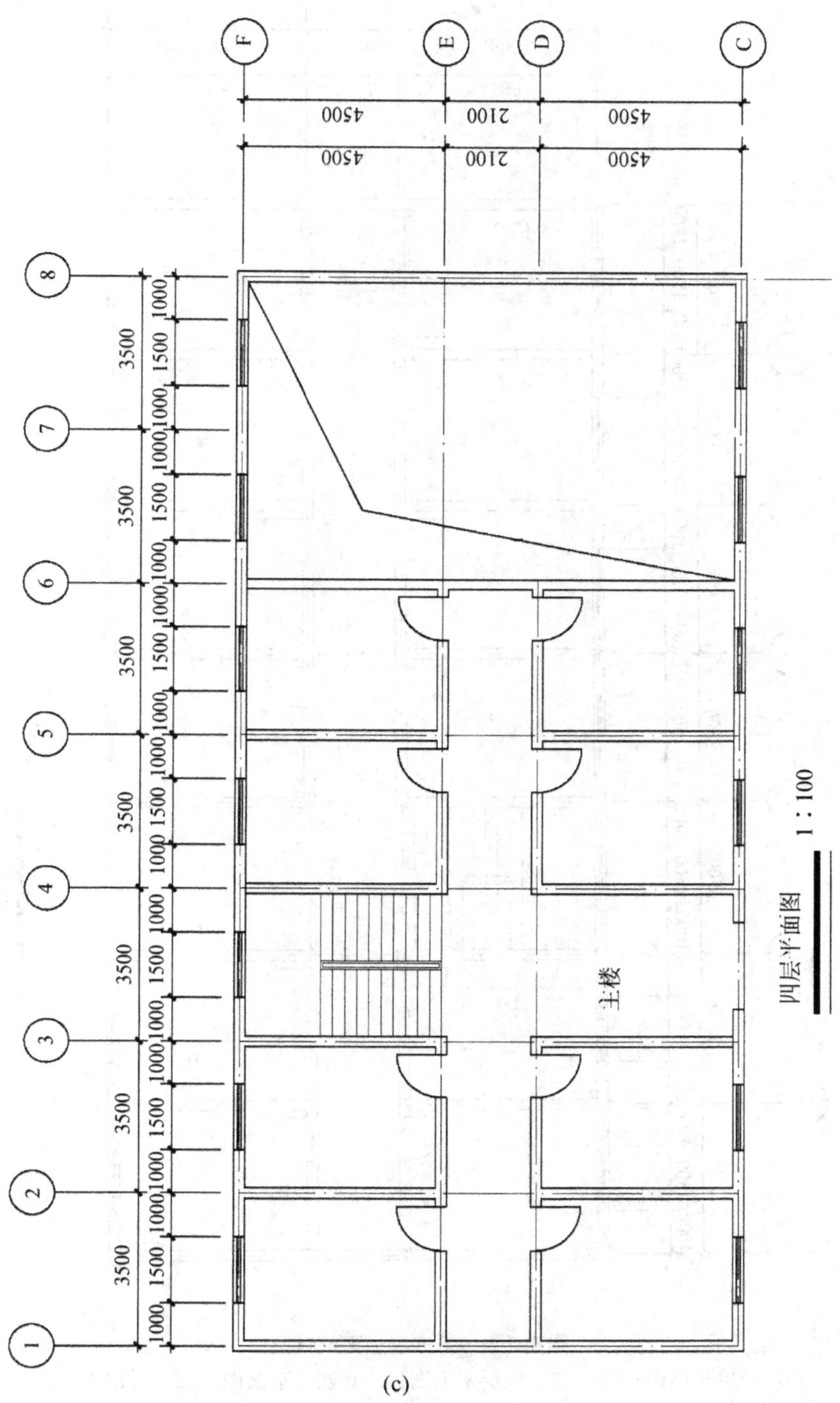

(c)

图 4.1 一至五层平面图(续)

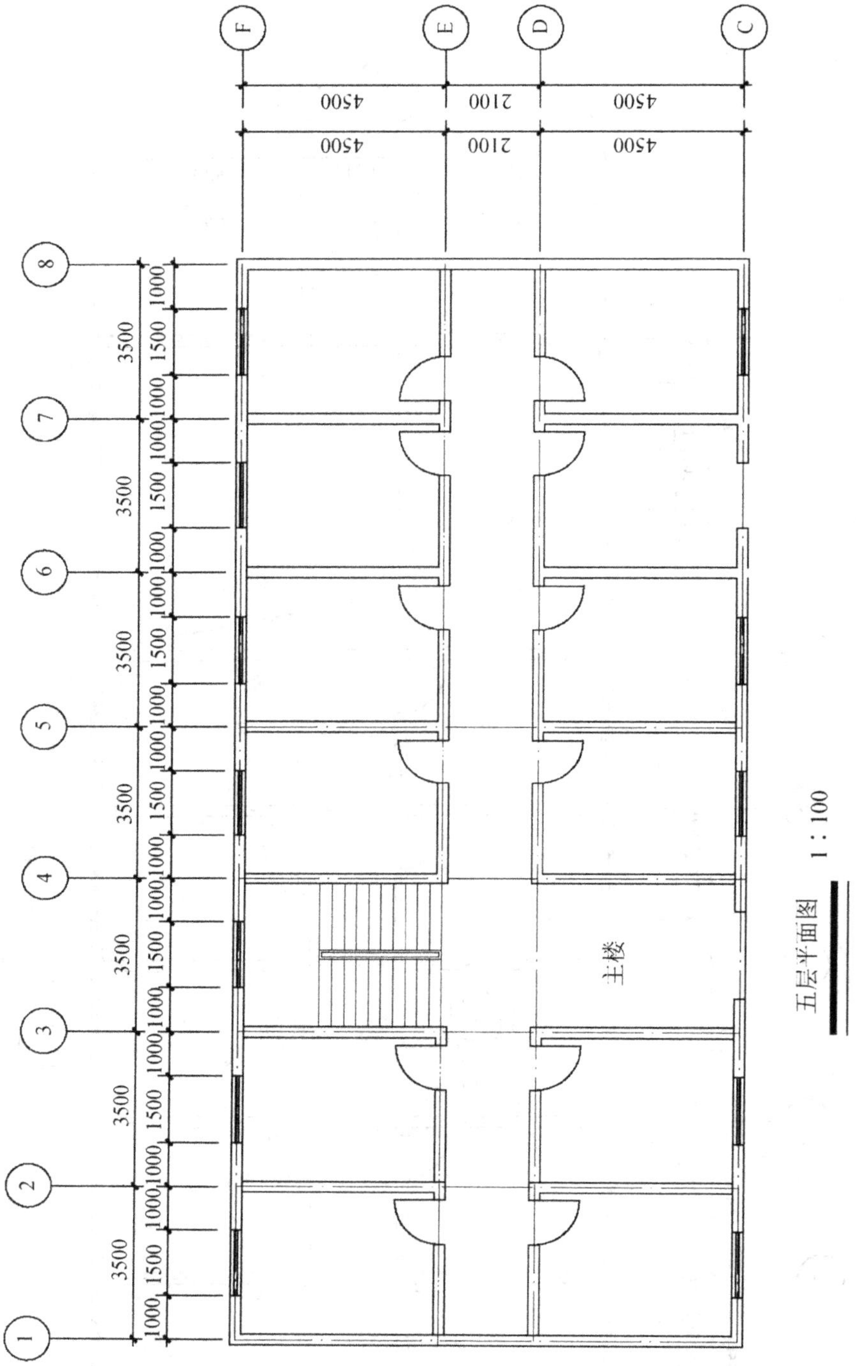

(d)

图 4.1　一至五层平面图(续)

(a) 一层平面图；(b) 二、三层平面图；(c) 四层平面图；(d) 五层平面图

2. 某单身公寓如图 4.2 所示，一层为架空层，二至九层为单身公寓，屋顶有水箱间和花架，其中水箱顶如图 4.3 所示，每层层高为 3.6m，完成以下问题：

问题 1：计算一至九层各层的建筑面积及总面积。

问题 2：阳台、楼梯、电梯井、屋顶是否计算建筑面积？

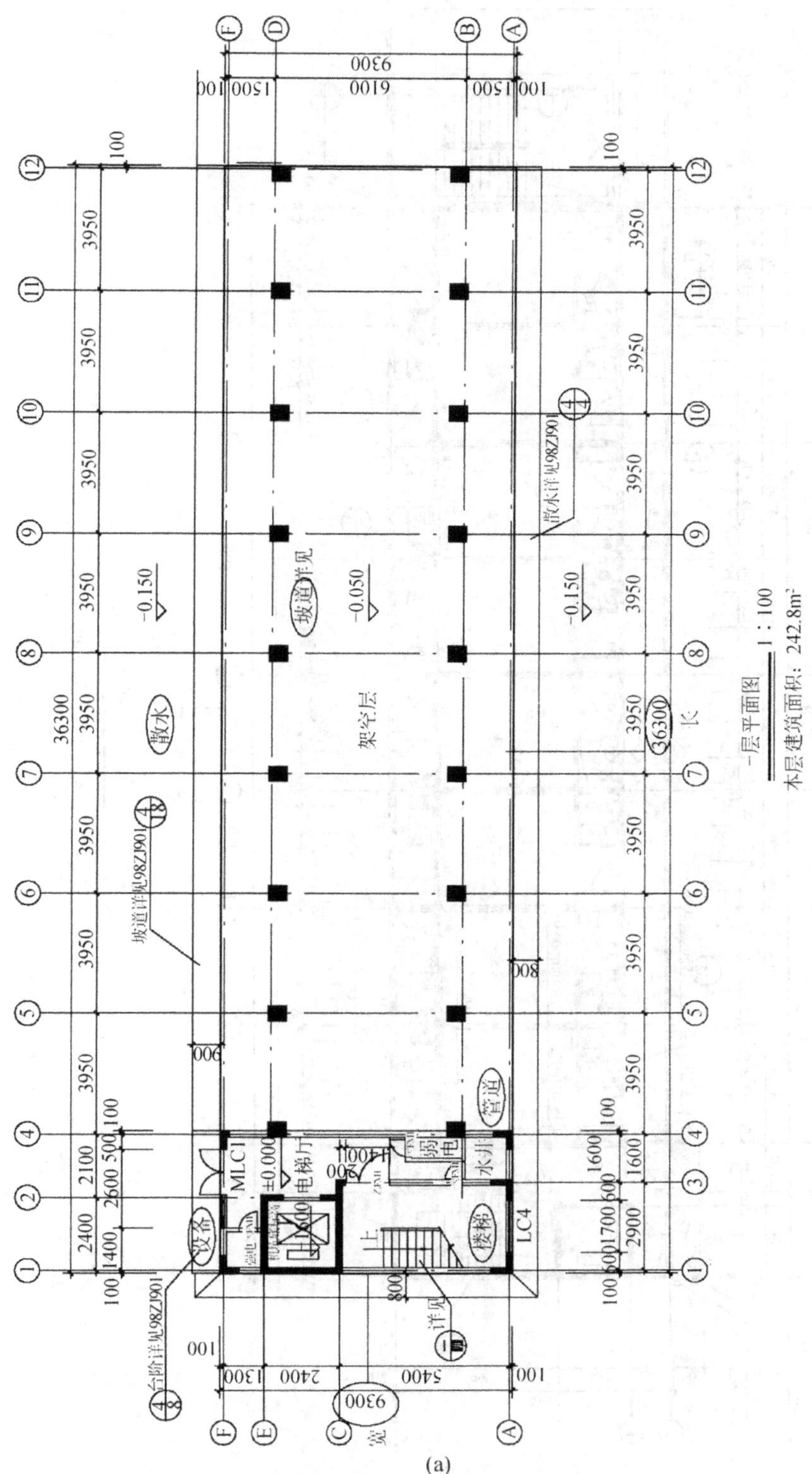

(a)

图 4.2 单身公寓

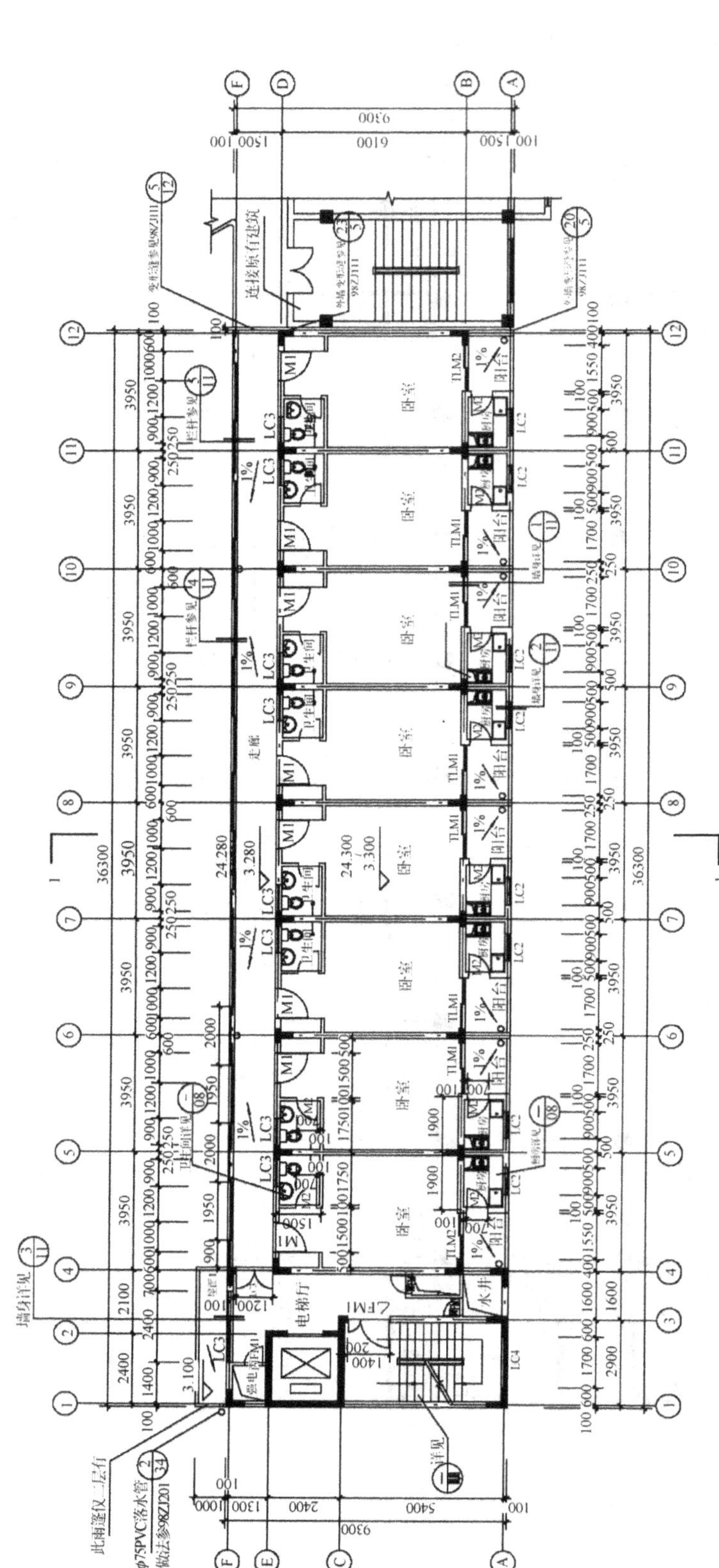

(b)

图 4.2 单身公寓(续)

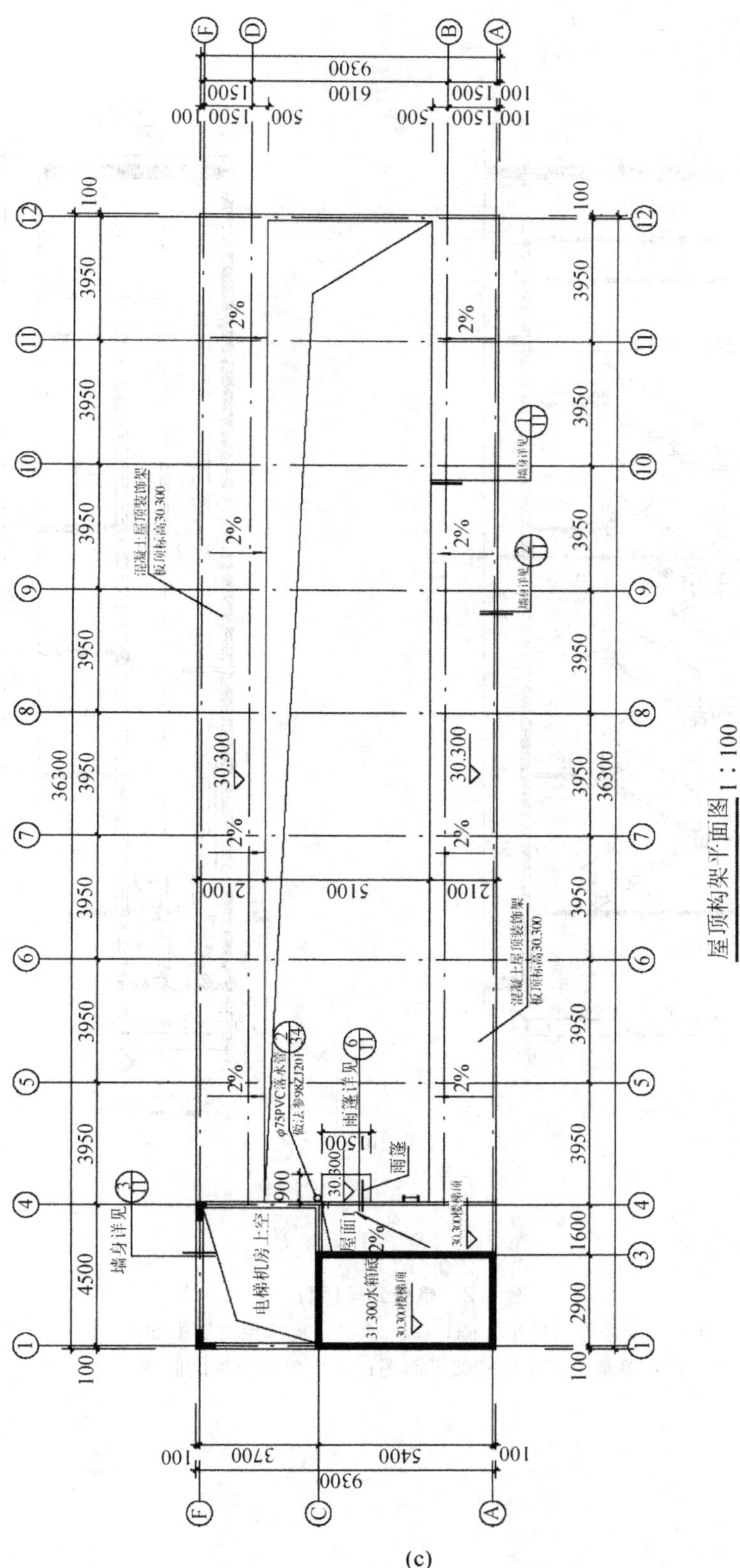

(c)

图 4.2 单身公寓(续)

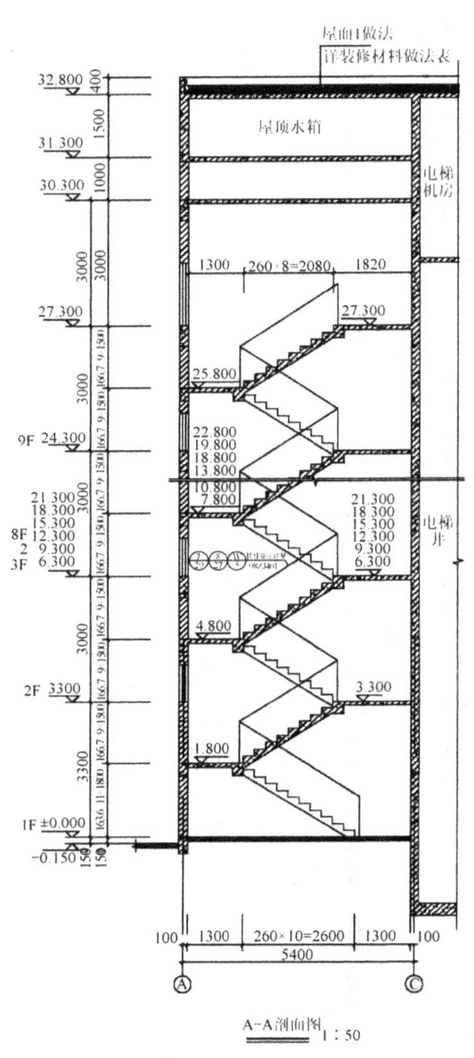

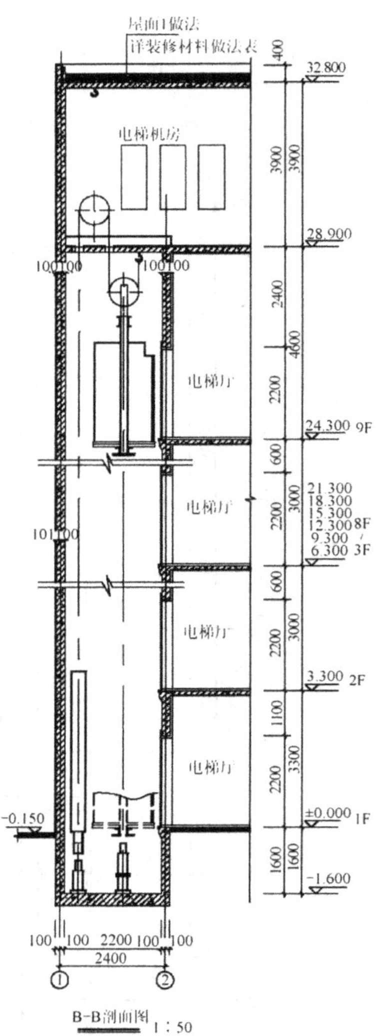

(d)

图 4.2　单身公寓(续)

(a) 单身公寓一层平面图；(b) 单身公寓二至九层平面图；
(c) 单身公寓屋顶构架平面图；(d) 单身公寓剖面图

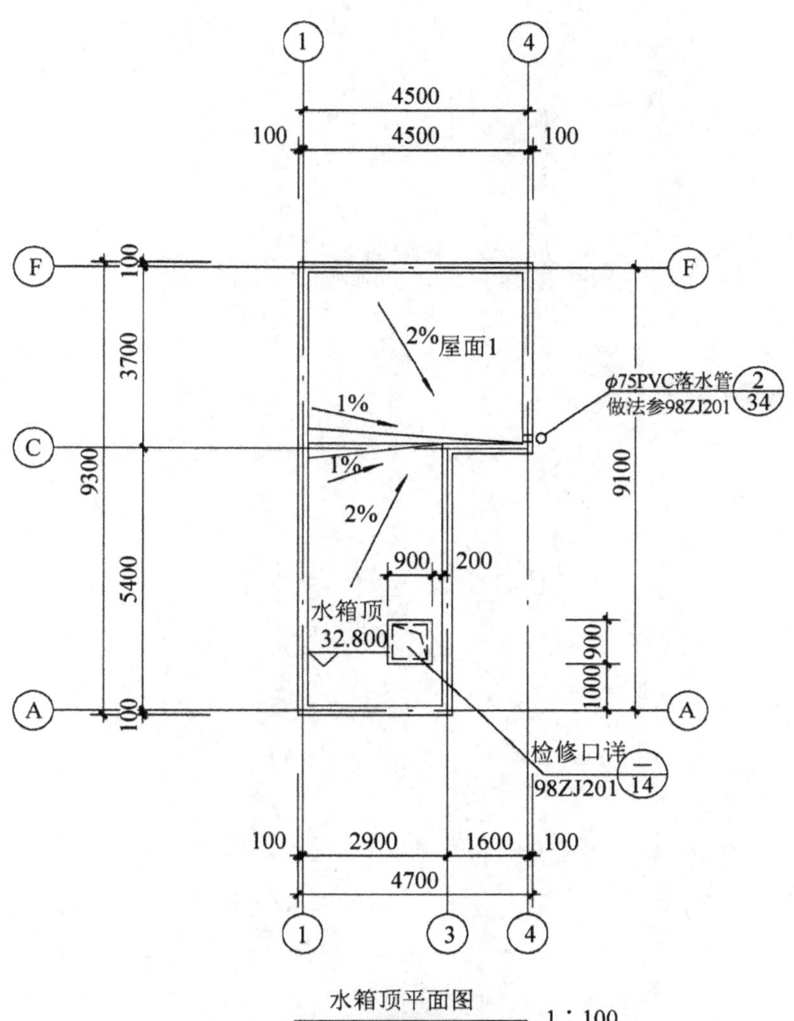

图 4.3 水箱顶平面图

3. 某建筑物为一栋七层框混结构房屋，并利用深基础架空屋，层高 2.2m，外围水平面积 774.19m²；第 1 屋框架结构层高 6m，外墙厚均为 240mm，外墙轴线尺寸为 15m×50m；第 2 层至第 5 层外围水平面积均为 765.66m²；第 6 层和第 7 层外墙的轴线尺寸为 6m×50m；除第 1 层外，各层层高为 2.8m；在第 5 层至第 7 层有一有顶盖室外楼梯。室外楼梯每层水平投影面积为 15m²。第 1 层设有雨篷，雨篷顶盖水平投影面积为 3m²，雨篷悬挑长度为 1.5m，计算该建筑物面积。

第 2 篇

分部分项措施项目

第5章

土石方工程

实训项目、要求与评价

实训项目与要求	
实训项目	实训要求
实训项目一　基础理论	掌握土壤类别的划分，了解地质报告中土壤类别的划分，掌握挖土深度、工作面、放坡系数的计算，根据基础大样土、定额规则计算挖土深度
实训项目二　工程计量与计价	根据图纸、施工方案、清单或定额规则计算挖基础土方、回填土土方的工程量 区分实物工程量和定额工程量
备注与说明	查阅资料：图纸、地质勘探报告、清单规范、定额、计价依据
实训效果、评价与建议	
教学评价	教学方法　◎好　◎中　◎差
	教学内容　◎好　◎中　◎差
成绩评定	◎优　◎良　◎中　◎及格　◎不及格
教学建议	

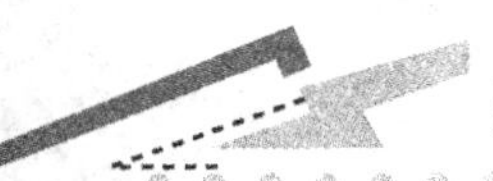

实训项目一　基础理论

一、图示下列基本概念

1. 平整场地、挖基坑、挖沟槽

2. 工作面、放坡起点、放坡系数、支挡土板

二、填空题

1. 平整场地按设计图示尺寸以建筑物(　　　　　)计算。

2. 挖沟槽土方，房屋建筑按设计图示尺寸以基础(　　　　　)乘以(　　　　　)计算。

3. 建筑物土壤主要分为(　　　　　)类。

三、单选题

1. 平整场地是指工程动土开工前，对施工现场±(　　)cm 以内高低不平的部位进行就地挖、运、填和找平。

A. 25　　B. 30　　C. 45　　D. 60

2. 全国基础定额平整场地工程量按建筑物外墙外边线每边各加(　　)以平方米计算。

A. 1m　　B. 1.5m　　C. 2m　　D. 3m

3. 工程量清单规则平整场地工程量按建筑物(　　)以平方米计算。

A. 首层建筑面积　　B. 外墙每边各加 1.5m

C. 外墙每边各加 2m　　D. 外墙每边各加 3m

4. 人工挖地槽是指槽长大于等于槽宽(　　)倍，且槽底宽度小于等于 3m。

A. 1　　B. 2　　C. 3　　D. 4

5. 凡图示沟槽底宽 7m 以外，坑底面积大于 150m^2，平整场地挖土厚度在(　　)cm 以外，则称挖土方。

A. 10　　B. 20　　C. 30　　D. 45

6. 按 GB 500854—2013《房屋建筑与装饰工程计量规范》，下面列举条件中，属于执行挖土方项目的是(　　)。

A. 沟槽底宽在 7m 以内，且槽长大于槽宽 3 倍以上

B. 基坑面积在 $150m^2$ 以内者

C. 基坑面积在 $150m^2$ 以上者，挖土深度在 30cm 以上者

D. 沟槽底宽在 7m 以上，坑底面积在 $150m^2$ 以上者，挖土深度在 30cm 以上者

7. 如果施工条件限制，不宜采用放坡的挖土方案，需设挡土板时，应按图示的槽底或坑底宽度两边各加(　　)cm。

A. 10　　B. 20　　C. 30　　D. 40

8. 挖土方体积一般按(　　)计算。

A. 挖掘前的天然密实体积　　B. 夯实后体积

C. 松填体积　　D. 虚方体积

9. 原槽浇灌混凝土垫层时，挖土方放坡的深度是指(　　)。

A. 室外地坪至地槽垫层上表面高度

B. 室外地坪至地槽垫层下表面高度

C. 室内地坪至地槽垫层上表面高度

D. 室内地坪至地槽垫层下表面高度

10. 一墙下条基沟槽深 1.8m，基础底宽 1.5m，工作面 200mm，放坡系数为 0.33，该沟槽横断面积为(　　)m^2。(按定额放坡施工考虑)

A. 3.77　　B. 4.13　　C. 4.49　　D. 7.91

11. 挖一条 60m 的沟槽，Ⅱ类土，放坡系数 1∶0.5，其底宽 0.6m，工作面 0.2m，槽底至设计室外地坪深 1.3m，其挖土方工程量为(　　)m^3。

A. 128.7　　B. 78　　C. 97.5　　D. 99

12. 某建筑物底层建筑面积为 $600m^2$，外墙中心线长 100m，内墙净长线长 20m，内外墙均为标准砖一砖厚，室内外高差为 45cm，地坪厚度 10cm，则室内回填土的工程量为(　　)。

A. $600m^3$　　B. $571.2m^3$　　C. $257.4m^3$　　D. $199.92m^3$

13. 以下有关回填土工程量的计算不正确的是(　　)。

A. 基础回填土体积＝挖土体积－室外地坪标高以下埋设物的体积

B. 室内回填土体积＝底层主墙间净面积×(室内外高差－地坪厚度)

C. 室内回填土＝底层主墙间净面积×室内外高差

D. 管道沟槽回填土体积＝管道沟槽挖土体积－管井 500mm 以上的管道所占体积

14. 计算建筑挖土深度时以(　　)标高为准。

A. 室外设计到垫层底　　B. 室内首层设计到垫层底

C. 室内首层设计到垫层顶　　D. 室外设计到垫层顶

15. 依据 GB 500854—2013《房屋建筑与装饰工程工程量计量规范》计算规则，有一管道沟槽挖土体积为 $3000m^3$，管径 450mm，长 100m，则其挖管沟管沟土方工程量为(　　)。

A. $312.5m^3$　　B. 312.5m　　C. $250m^3$　　D. 250m

16. 某住宅楼基础为混凝土垫层+砖基础，混凝土垫层宽度为1.2m，高度为300mm；砖基础底宽为0.9m，土壤为Ⅱ类土，基底标高为-1.0m；设计室外地坪为-0.15m，放坡系数为1∶0.5，基础总长度为100m，则该基础人工挖沟槽土方工程量为(　　)。

A. 162.00m³　　B. 334.13m³　　C. 121.5m³　　D. 253.12m³

17. 题16中如果基底标高为-1.2m，则人工挖挖沟槽工程量为(　　)。

A. 162.00m³　　B. 334.13m³　　C. 121.5m³　　D. 253.12m³

18. 建筑工程混凝土基础施工所需工作面宽度为(　　)mm。

A. 150　　B. 200　　C. 300　　D. 800

19. 某工程独立基础8个，基础底面积1500mm×1500mm，基础垫层每边宽出100mm，室外地坪标高-0.45m，基础垫层底标高-2.1m，土质为二类土，试计算该工程的清单工程量为(　　)。

A. 108.10m³　　B. 95.91m³　　C. 57.13m³　　D. 49.94m³

20. 题19中人工挖土定额工程量为(　　)，放坡系数为0.5。

A. 108.10m³　　B. 95.91m³　　C. 57.13m³　　D. 49.94m³

四、多选题

1. 附录A中土石方工程表A.1、A.2包括(　　)部分。

A. 土方工程　　B. 石方工程

C. 地基处理与边坡支护　　D. 桩基工程

2. 挖基础土方通常包括(　　)等的挖方。

A. 挖一般土方　　B. 挖沟槽土方　　C. 挖基坑土方　　D. 边坡支护

3. 挖土方放坡系数的确定，与(　　)因素有关。

A. 土壤类别　　B. 施工方法　　C. 定额消耗量　　D. 放坡起点

4. 挖沟槽土方时，沟槽的长度按(　　)计算。

A. 外墙沟槽按外墙中心线长度

B. 内墙沟槽按内墙中心线长度

C. 外墙沟槽按外墙外边线

D. 内墙沟槽按内墙净长线

5. GB500854—2013《房屋建筑与装饰工程计量规范》计算规则中，回填土包括(　　)。

A. 场地回填　　B. 室内回填　　C. 基础回填　　D. 缺方内运

五、判断题

1. 建筑场地厚度≥300mm的挖、填、运、找平，按平整场地计算。　(　　)

2. 土方放坡宽度的确定为KH。　(　　)

3. 三类土，土方放坡的起点深度为1.5m，挖土深度正好1.5m时不放坡。　(　　)

4. 挖土工程量等于回填土工程量。　(　　)

5. 挖方出现流砂、淤泥时，不考虑增加工程量。　(　　)

实训项目二 工程计量与计价

1. 某建筑物采用独立基础如图 5.1 所示，20 个设计室外地坪－0.45m，基底标高－1.6m，基底钢筋 x，y 向均为Φ14@150，该处土壤类别为三类土，试计算人工挖基础清单和定额工程量。如果基底标高－2.0m，试计算人工挖基础清单和定额工程量，并计算其综合单价、合价。

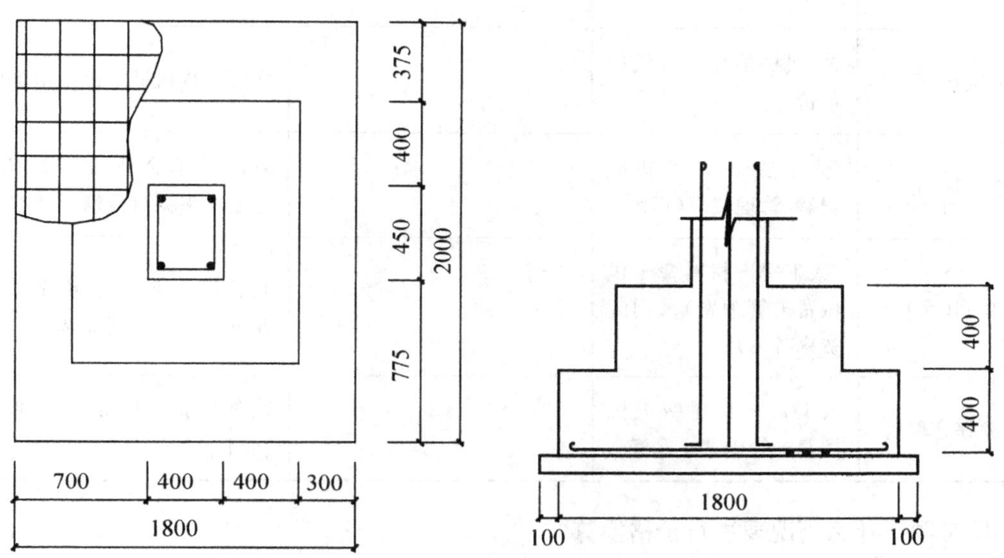

图 5.1 独立基础示意图

问题 1：分别按清单规则和定额规则(表 5.2、表 5.3)写出计算挖基础土方工程量的计算过程(表 5.1)。

问题 2：计算挖基坑的综合单价(表 5.4)。

问题 3：列出挖基础土方分部分项工程量清单与计价(表 5.5)。

表 5.1 工程量计算书

项目名称	工程量	单位	计算过程	备注
挖基坑 (基底标高－1.6m)				清单规则
挖基坑 (基底标高－1.6m)				定额规则
挖基坑 (基底标高－2.0m)				清单规则
挖基坑 (基底标高－2.0m)				定额规则

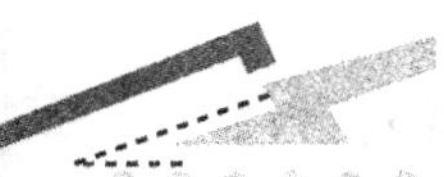

表 5.2　深圳消耗量定额综合单价计算公式　定额编码

费用名称	计算公式	计算过程	备注
人工费(元)	Σ(人工消耗量×人工单价)		实际工程人工单价按市场价
材料费(元)	Σ(材料消耗量×材料单价)		实际工程材料单价按市场价
机械费(元)	Σ(机械消耗量×机械单价)		实际工程机械单价按市场价
管理费(元)	(人工费+0.1×机械费)×管理费率(15%)		管理费率企业投标报价时，企业可根据自身情况调整
利润(元)	(人工费+材料费+机械费+管理费)×利润费率(7%)		利润率企业投标报价时，企业可根据自身情况调整
定额综合单价	人工费+材料费+机械费+管理费+利润		综合单价=基价+管理费+利润

思考题：什么情况要进行价格换算?

表 5.3　广东建筑与装饰定额消耗量计算公式

	费用名称	计算公式	计算过程	备注
基价	人工费(元)	Σ(人工消耗量×人工单价)		实际工程人工单价按市场价
	材料费(元)	Σ(材料消耗量×材料单价)		实际工程材料单价按市场价
	机械费(元)	Σ(机械消耗量×机械单价)		实际工程机械单价按市场价
	管理费(元)	(人工费+机械费)×管理费率×地区系数		管理费率企业投标报价时，企业可根据自身情况调整
	利润(元)	人工费×管理费率(18%)		利润率企业投标报价时，企业可根据自身情况调整
	定额综合单价	人工费+材料费+机械费+管理费+利润		综合单价=基价+利润

表 5.4 挖基坑清单综合单价分析

工程名称：

<table>
<tr><td colspan="2">项目编码</td><td></td><td colspan="2">项目名称</td><td colspan="2"></td><td colspan="2">计量单位</td><td colspan="2"></td></tr>
<tr><td colspan="12">清单综合单价组成明细</td></tr>
<tr><td rowspan="2">定额编号</td><td rowspan="2">定额名称</td><td rowspan="2">定额单位</td><td rowspan="2">数量</td><td colspan="4">单价</td><td colspan="4">合价</td></tr>
<tr><td>人工费</td><td>材料费</td><td>机械费</td><td>管理费和利润</td><td>人工费</td><td>材料费</td><td>机械费</td><td>管理费和利润</td></tr>
<tr><td></td><td></td><td></td><td></td><td></td><td></td><td></td><td></td><td></td><td></td><td></td><td></td></tr>
<tr><td></td><td></td><td></td><td></td><td></td><td></td><td></td><td></td><td></td><td></td><td></td><td></td></tr>
<tr><td colspan="2"></td><td colspan="6"></td><td></td><td></td><td></td><td></td></tr>
<tr><td colspan="2">综合工日
51元/工日</td><td colspan="6">未计价材料费</td><td colspan="4"></td></tr>
<tr><td colspan="8">清单项目综合单价</td><td colspan="4"></td></tr>
<tr><td>材料费明细</td><td colspan="3">主要材料名称、规格、型号</td><td>单位</td><td>数量</td><td>单价（元）</td><td>合价（元）</td><td>暂估单价（元）</td><td>暂估合价（元）</td></tr>
<tr><td></td><td colspan="3"></td><td></td><td></td><td></td><td></td><td></td><td></td></tr>
<tr><td></td><td colspan="3"></td><td></td><td></td><td></td><td></td><td></td><td></td></tr>
<tr><td></td><td colspan="3"></td><td></td><td></td><td></td><td></td><td></td><td></td></tr>
<tr><td></td><td colspan="3"></td><td></td><td></td><td></td><td></td><td></td><td></td></tr>
</table>

表 5.5 分部分项工程量清单与计价表

工程名称： 标段： 第 页 共 页

<table>
<tr><td rowspan="2">序号</td><td rowspan="2">项目编码</td><td rowspan="2">项目名称</td><td rowspan="2">项目特征描述</td><td rowspan="2">计量单位</td><td rowspan="2">工程量</td><td colspan="3">金额(元)</td></tr>
<tr><td>综合单价</td><td>合价</td><td>其中：暂估价</td></tr>
<tr><td></td><td></td><td></td><td></td><td></td><td></td><td></td><td></td><td></td></tr>
<tr><td></td><td></td><td></td><td></td><td></td><td></td><td></td><td></td><td></td></tr>
</table>

2. 某工程基础平面及断面如图 5.2 所示，已知：Ⅲ类土，地下静止水位－1.0m，设计室外地坪标高－0.3m。

问题 1：分别按清单规则和定额规则写出计算挖基础土方工程量(表 5.6)的计算过程。

问题 2：计算挖沟槽的综合单价(表 5.7)。

问题 3：列出挖沟槽土方分部分项工程量清单与计价(表 5.8)。

问题 4：如基础采用整体开挖(表 5.9～表 5.11)，其结果有何不同？

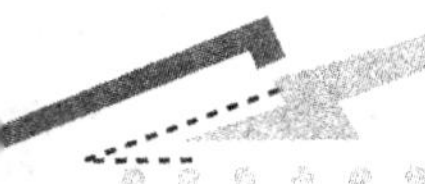

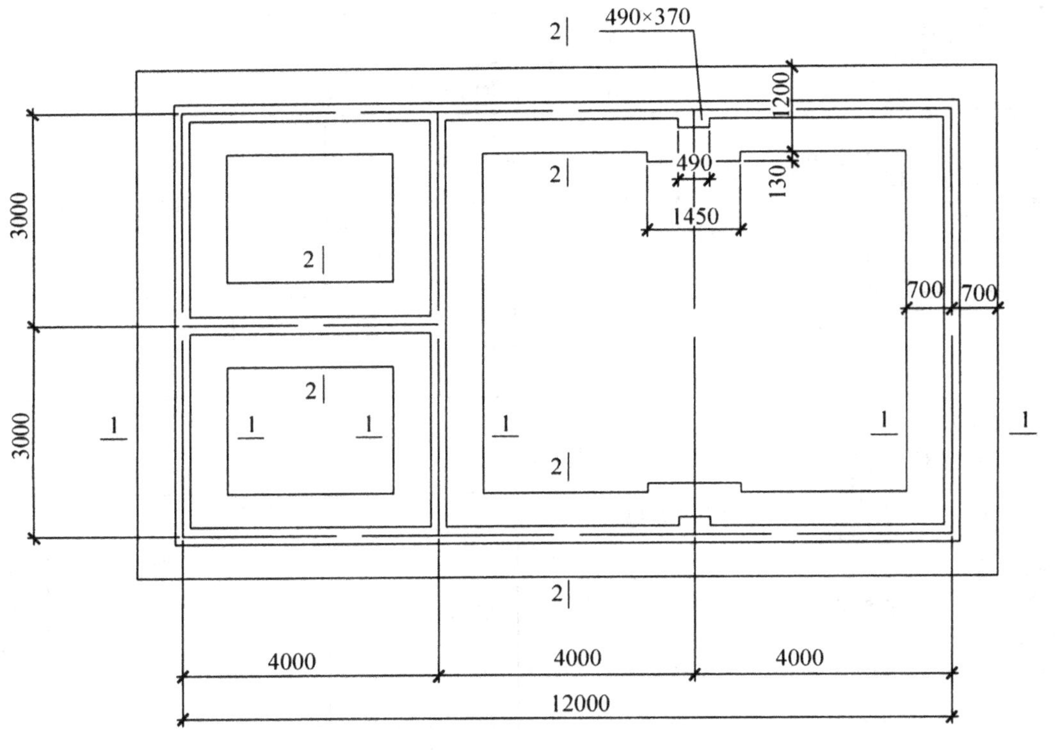
490×370
1200
490
130
1450
700
700
3000
3000
1
2
4000
4000
4000
12000

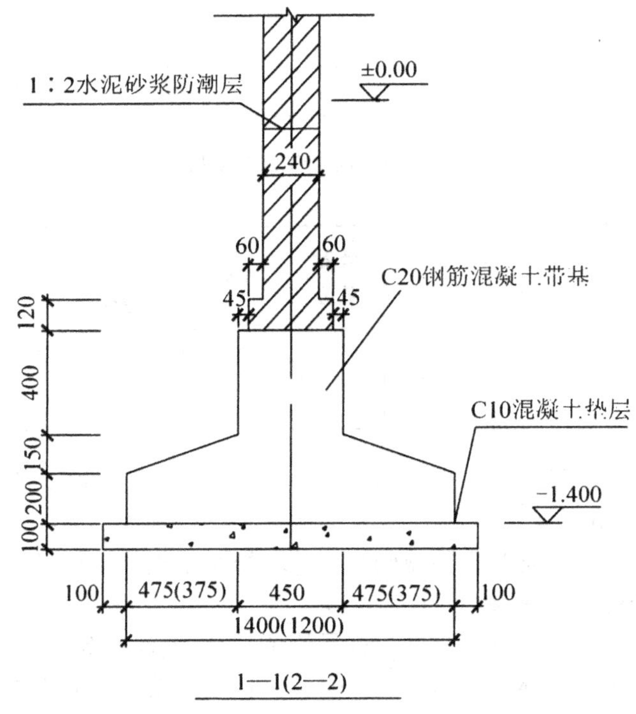
±0.00
1：2水泥砂浆防潮层
240
60
60
C20钢筋混凝土带基
45
45
120
400
150
200
100
C10混凝土垫层
-1.400
100
475(375)
450
475(375)
100
1400(1200)
1—1(2—2)

图 5.2　条形基础示意图

表 5.6 工程量计算书

项目名称	工程量	单位	计算过程	备注
挖沟槽土方 （底宽 1400mm）		m^3		清单规则
挖沟槽土方 （底宽 1400mm）		$100m^3$		定额规则
挖沟槽土方 （底宽 1200mm）				清单规则
挖沟槽土方 （底宽 1200mm）				定额规则

表 5.7 挖沟槽清单综合单价分析

工程名称：

<table>
<tr><td colspan="2">项目编码</td><td colspan="2"></td><td colspan="2">项目名称</td><td colspan="2"></td><td colspan="2">计量单位</td><td colspan="2"></td></tr>
<tr><td colspan="12">清单综合单价组成明细</td></tr>
<tr><td rowspan="2">定额编号</td><td rowspan="2">定额名称</td><td rowspan="2">定额单位</td><td rowspan="2">数量</td><td colspan="4">单价</td><td colspan="4">合价</td></tr>
<tr><td>人工费</td><td>材料费</td><td>机械费</td><td>管理费和利润</td><td>人工费</td><td>材料费</td><td>机械费</td><td>管理费和利润</td></tr>
<tr><td></td><td></td><td></td><td></td><td></td><td></td><td></td><td></td><td></td><td></td><td></td><td></td></tr>
<tr><td></td><td></td><td></td><td></td><td></td><td></td><td></td><td></td><td></td><td></td><td></td><td></td></tr>
<tr><td colspan="2"></td><td colspan="6"></td><td></td><td></td><td></td><td></td></tr>
<tr><td colspan="2">综合工日
51 元/工日</td><td colspan="6">未计价材料费</td><td colspan="4"></td></tr>
<tr><td colspan="8">清单项目综合单价</td><td colspan="4"></td></tr>
<tr><td rowspan="5">材料费明细</td><td colspan="5">主要材料名称、规格、型号</td><td>单位</td><td>数量</td><td>单价（元）</td><td>合价（元）</td><td>暂估单价（元）</td><td>暂估合价（元）</td></tr>
<tr><td colspan="5"></td><td></td><td></td><td></td><td></td><td></td><td></td></tr>
<tr><td colspan="5"></td><td></td><td></td><td></td><td></td><td></td><td></td></tr>
<tr><td colspan="5"></td><td></td><td></td><td></td><td></td><td></td><td></td></tr>
<tr><td colspan="5"></td><td></td><td></td><td></td><td></td><td></td><td></td></tr>
</table>

表 5.8　分部分项工程量清单与计价表

工程名称：　　　　　　　　　　　　标段：　　　　　　　　　　　　第　页　共　页

序号	项目编码	项目名称	项目特征描述	计量单位	工程量	金额(元)		
						综合单价	合价	其中：暂估价
	010101003001	挖沟槽土方	Ⅲ类土，条形基础，基础宽 1.4m，垫层宽 1.6m，挖土深度 1.5m，不考虑土方外运	m^3				
定额								
	010101003002	挖沟槽土方	Ⅲ类土，条形基础，基础宽 1.2m，垫层宽 1.4m，挖土深度 1.5m，不考虑土方外运	m^3				
定额								

表 5.9　工程量计算书

项目名称	工程量	单位	计算过程	备注
挖一般土方		m^3		清单规则
挖一般土方		$100m^3$		定额规则

表 5.10 挖一般土方清单综合单价分析

工程名称：

项目编码				项目名称				计量单位			
清单综合单价组成明细											
定额编号	定额名称	定额单位	数量	单价				合价			
				人工费	材料费	机械费	管理费和利润	人工费	材料费	机械费	管理费和利润
综合工日 51元/工日		未计价材料费									
清单项目综合单价											
材料费明细	主要材料名称、规格、型号				单位	数量		单价（元）	合价（元）	暂估单价（元）	暂估单价（元）

表 5.11 分部分项工程量清单与计价表

工程名称：　　　　　　　　标段：　　　　　　　　第　页　共　页

序号	项目编码	项目名称	项目特征描述	计量单位	工程量	金额(元)		
						综合单价	合价	其中：暂估价
		挖一般土方		m^3				
定额								

第 6 章

桩与地基基础工程

实训项目、要求与评价

实训项目与要求	
实训项目	实训要求
实训项目一　基础理论	掌握土质类别的划分，了解地质报告中土质类别的划分；了解预制桩、灌注桩、钻孔桩施工方法
实训项目二　工程计量与计价	根据图纸、施工方案、清单或定额规则计算预制桩、灌注桩、钻孔桩的工程量
备注与说明	区分实物工程量和定额工程量 查阅资料：图纸、图集、地质勘探报告、清单规范、定额
实训效果、评价与建议	
教学评价	教学方法　◎好　◎中　◎差
	教学内容　◎好　◎中　◎差
成绩评定	◎优　◎良　◎中　◎及格　◎不及格
教学建议	

实训项目一　基础理论

一、图示下列基本概念

1. 接桩

2. 送桩

二、单选题

1. 清单规范中预制桩、混凝土灌注桩计量单位是(　　)。

A. m/根　　B. m^2　　C. m^3　　D. 套

2. 清单规范中，　地下连续墙的计量单位是(　　)。

A. m/根　　B. m^2　　C. m^3　　D. 套

3. 清单规范中，接桩的计量单位是(　　)。

A. 个/m　　B. m^2　　C. m^3　　D. 套

4. 清单规范中，锚杆支护的计量单位是(　　)。

A. 个/m　　B. m^2　　C. m^3　　D. 套

5. 结合广东建筑与装饰综合定额，预制混凝土管桩填芯工程量按(　　)计算。

A. 设计长度乘以截面积　　B. 设计长度

C. 截面积　　D. 不计算

6. 结合广东建筑与装饰综合定额，打压试验桩人工、机械台班消耗量需乘以(　　)系数。

A. 1.00　　B. 2.00　　C. 1.50　　D. 2.50

7. 按广东定额计算预制砼桩送桩工程量时，送桩长度为自桩顶面至自然地面另加(　　)。

A. 1.0m　　B. 1.5m　　C. 0.25m　　D. 0.5m

8. 一根 400×400 预制钢筋混凝土方柱，室外地坪标高－0.45m，桩顶设计标高－2.10m，根据广东定额送桩工程量为(　　)m^3。

A. 3.44　　B. 2.64　　C. 3.67　　D. 2.23

9. 根据《建筑工程工程量清单计价规范》(GB 50500—2013)，边坡土钉支护工程量应按(　　)。

A. 设计图示尺寸以支护面积计算　　B. 设计土钉数量以根数计算

C. 设计土钉数量以质量计算　　D. 设计支护面积×土钉长度以体积计算

10. 地基强夯按设计图示尺寸以(　　)计算。

A. 面积　　B. 体积　　C. 重量　　D. 长度

三、判断题

1. 定额中硫黄胶泥接桩按接头个数计算工程量。 (　　)
2. 预制混凝土桩的体积要扣除桩尖虚体积。 (　　)
3. 电焊接桩按设计接头以个计算。 (　　)
4. 人工挖孔桩属于混凝土灌注桩。 (　　)
5. 锚杆支护按设计图示尺寸以支护面积计算工程量。 (　　)

实训项目二　工程计量与计价

1. 某桩基础工程共打预制钢筋混凝土方桩 256 根，桩长 12.5m，其中桩尖 0.5m，桩截面为 300mm×300mm，试计算打预制钢筋混凝土方桩工程量。若设计桩顶面高度为室外地面以下 0.8m，计算其送桩工程量。(按本省定额)

问题 1：分别按清单规则和定额规则写出计算桩基工程量的计算过程(表 6.1)。

问题 2：列出桩基工程分部分项工程量清单(表 6.2)。

问题 3：列出桩基工程分部分项工程量清单计价(表 6.3)。

表 6.1　工程量计算书

项目名称	工程量	单位	计算过程	备注
打预制钢筋混凝土方桩				
送桩				

表 6.2　综合单价分析表(一)

工程名称：综合楼

<table>
<tr><td colspan="3">项目编码</td><td colspan="2"></td><td colspan="2">项目名称</td><td colspan="2"></td><td colspan="2">计量单位</td><td></td></tr>
<tr><td colspan="12">清单综合单价组成明细</td></tr>
<tr><td rowspan="2">定额编号</td><td rowspan="2">定额名称</td><td rowspan="2">定额单位</td><td rowspan="2">数量</td><td colspan="4">单价</td><td colspan="4">合价</td></tr>
<tr><td>人工费</td><td>材料费</td><td>机械费</td><td>管理费和利润</td><td>人工费</td><td>材料费</td><td>机械费</td><td>管理费和利润</td></tr>
<tr><td></td><td></td><td></td><td></td><td></td><td></td><td></td><td></td><td></td><td></td><td></td><td></td></tr>
<tr><td></td><td></td><td></td><td></td><td></td><td></td><td></td><td></td><td></td><td></td><td></td><td></td></tr>
<tr><td colspan="2"></td><td colspan="6"></td><td></td><td></td><td></td><td></td></tr>
<tr><td colspan="2">综合工日
51 元/工日</td><td colspan="6">未计价材料费</td><td colspan="4"></td></tr>
<tr><td colspan="8">清单项目综合单价</td><td colspan="4"></td></tr>
</table>

续表

材料费明细	主要材料名称、规格、型号	单位	数量	单价（元）	合价（元）

表6.3 分部分项工程量清单与计价表

序号	项目编码	项目名称	项目特征描述	计量单位	工程量	金额(元)		
						综合单价	合价	其中：暂估价

第7章

砌筑工程

实训项目、要求与评价

实训项目与要求	
实训项目	实训要求
实训项目一　基础理论	了解砖基础与砖墙的划分；掌握各种砌体长、宽、高的计算方法，掌握各种砌体的计算规则；掌握零星砌体的计算方法
实训项目二　工程计量与计价	读懂工程图，了解砌体中使用的各种材料构造；熟悉计算规则，能独立计算工程量，能进行计价及相应的换算
备注与说明	查阅资料：图纸、图集、地质勘探报告、清单规范、定额
实训效果、评价与建议	
教学评价	教学方法　◎好　◎中　◎差
	教学内容　◎好　◎中　◎差
成绩评定	◎优　◎良　◎中　◎及格　◎不及格
教学建议	

实训项目一 基础理论

一、图示下列基本概念

砖基础、砖墙、零星砌体

二、计算规则填空

1. 砖基础按设计图示尺寸以(　　　　　)计算。包括附墙垛基础宽出部分体积，扣除地梁(圈梁)、(　　　　　)所占体积，不扣除基础大放脚(　　　　　)处的重叠部分及嵌入基础内的钢筋、铁管道、基础砂浆防潮层和单个面积(　　　　　)以内的孔洞所占体积，靠墙暖气沟的挑檐不增加。

2. 砖墙体按设计图示尺寸以(　　　　　)计算。扣除门窗洞口、过人洞、空圈、嵌入墙内的钢筋混凝土(　　　　　)、(　　　　　)、(　　　　　)、(　　　　　)、(　　　　　)及凹进墙内的壁龛、管槽、暖气槽、消火栓箱所占体积。不扣除(　　　　　)、(　　　　　)、(　　　　　)、垫木、木楞头、沿缘木、木砖、门窗走头、砖墙内加固钢筋、木筋、铁件、钢管及单个面积(　　　　　)以内的孔洞所占体积。凸出墙面的腰线挑檐、压顶、窗台线、虎头砖、门窗套的体积亦不增加。凸出墙面的砖垛(　　　　　)墙体体积内计算。

三、单选题

1. 计算砖基础工程量时应扣除单个面积在(　　)以上的孔洞所占面积。

A. 0.15m^2　　B. 0.3m^2　　C. 0.45m^2　　D. 0.6m^2

2. 计算墙体砌砖工程量时，扣除的内容有(　　)。

A. 埋入的钢筋铁件　　B. 0.3m^2以下的孔洞

C. 梁头、板头　　D. 构造柱

3. 砖基础工程量计算中，应扣除(　　)的体积。

A. 嵌入基础内的钢筋混凝土柱　　B. 嵌入基础内的铁件

C. 单个面积在0.3m^2以内的孔洞　　D. 嵌入基础内的防潮层

4. 下列关于砖基础工程量计算中的基础与墙身的划分，正确的是(　　)。

A. 以设计室内地坪为界(包括有地下室建筑)

B. 基础与墙身使用材料不同时，以材料界面为界

C. 基础与墙身使用材料不同时，以材料界面另加300mm为界

D. 围墙基础应以设计室外地坪为界

5. 砌筑墙体工程量的计算中，应扣除(　　)。

A. 0.3m² 门窗洞口　　B. 垫木

C. 梁头　　D. 圈梁

6. 标准砖砌体，计算厚度(　　)。

A. 1/4 砖取 55mm　　B. 1/2 砖取 115mm

C. 3/4 砖取 185mm　　D. $1\frac{1}{2}$砖取 370mm

7. 标准砖 1/4 砖墙的墙厚按(　　)计算。

A. 53mm　　B. 115mm　　C. 120mm　　D. 105mm

8. 一砖半厚的标准砖墙，计算工程量时，墙厚取值为(　　)mm。

A. 370　　B. 360　　C. 365　　D. 355

9. 内墙工程量长度应按(　　)计算，外墙工程量长度应按(　　)计算。

A. 外边线、中心线　　B. 中心线、净长线

C. 内边线、中心线　　D. 净长线、中心线

10. 砌筑附墙烟囱、通风道、垃圾道的工程量，按(　　)计算，并入所依附的墙体工程量内。

A. 外形体积　　B. 实际体积　　C. 横截面乘高　　D. 均不对

11. 底层框架填充墙高度为(　　)。

A. 自室内地坪至框架梁顶

B. 自室内地坪至框架梁底

C. 自室内地坪算至上层屋面板或楼板顶面，扣板厚

D. 自室内地坪算至上层屋面板或楼板顶面

12. 有一两砖厚墙体，长 8m，高 5m，开有门窗洞口总面积为 6m²，两个通风洞口各为 0.25m²，门窗洞口上的钢筋混凝土过梁总体积为 0.5m³。则该段墙体的砌砖工程量为(　　)m³。

A. 16.5　　B. 16.16　　C. 15.92　　D. 16.75

13. 在计算砖砌体工程量时，山墙高取(　　)计算。

A. 檐口高　　B. 脊高

C. 檐高与脊高的平均值　　D. 檐高+1.0m

14. 砖烟囱、水塔计算工程量时，对孔洞的处理是(　　)。

A. 0.3m² 以上扣除　　B. 0.3m² 以下扣除

C. 全扣除　　D. 全不扣除

15. 根据 GB 50854—2013《房屋建筑与装饰工程工程量计算规范》，零星砌砖项目中的台阶工程量的计算，正确的是(　　)。

A. 按实砌体积并入基础工程量中计算

B. 按砌筑纵向长度以米计算

C. 按水平投影面积以平方米计算

D. 按设计尺寸体积以立方米计算

四、多选题

1. 砖砌体工程量按“座”计算的是(　　)。

A. 砖窨井　　B. 检查井　　C. 化粪池

D. 砖水池　　E. 散水

2. 空斗墙工程量以其外形体积计，墙内的实砌部分中，并入空斗墙体积的是(　　)。

A. 墙角　　B. 门窗洞口立边　　C. 楼板下实砌

D. 内外墙交接处　　E. 屋檐处

3. 根据 GB 50854—2013《房屋建筑与装饰工程工程量计算规范》，砖基础砌筑工程量按设计图示尺寸以体积计算，但应扣除(　　)。

A. 地梁所占体积　　B. 构造柱所占体积

C. 嵌入基础内的管道所占体积　　D. 砂浆防潮层所占体积

E. 圈梁所占体积

4. 实心砖墙工程量的计算中，应扣除的内容有(　　)。

A. 圈梁　　B. 门窗洞口　　C. 梁头

D. 消火栓箱所占体积　　E. 门窗走头

5. 以下应按零星砌砖项目编码列项的是(　　)。

A. 花池　　B. 台阶　　C. 梯带

D. 楼梯栏板　　E. 砖烟囱

五、判断题

1. 基础与墙身的划分以室外标高为界。　　(　　)

2. 计算砖基础工程量时，应扣除 T 形接头大放脚重叠部分体积。　　(　　)

3. 建筑物墙体上的腰线不计算工程量。　　(　　)

4. 平屋面外墙身高度应算至钢筋混凝土板底。　　(　　)

5. 女儿墙砌砖套用砖墙定额项目。　　(　　)

实训项目二　工程计量与计价

1. 某单层框架结构建筑物如图 7.1 所示，已知层高 4.2m，混水砖墙，内外墙墙厚均为 240mm，框架梁尺寸为 240mm×500mm，板厚 100mm。塑钢窗尺寸 C1 1500mm×2100mm，C2 2400mm×2100mm，塑钢门尺寸，M1 1000mm×3000mm，M2 1500mm×3000mm，M3 2000mm×3000mm。试计算砌体工程量。如果墙体中十字转角处，门洞大于 2m，墙长大于 5m，设构造柱，构造柱尺寸参见附录 B 结构设计说明。过梁尺寸参见附录 B 结构设计说明。试计算砌体工程量。(学完混凝土与钢筋混凝土结构考虑扣诚构造柱工程量计算)

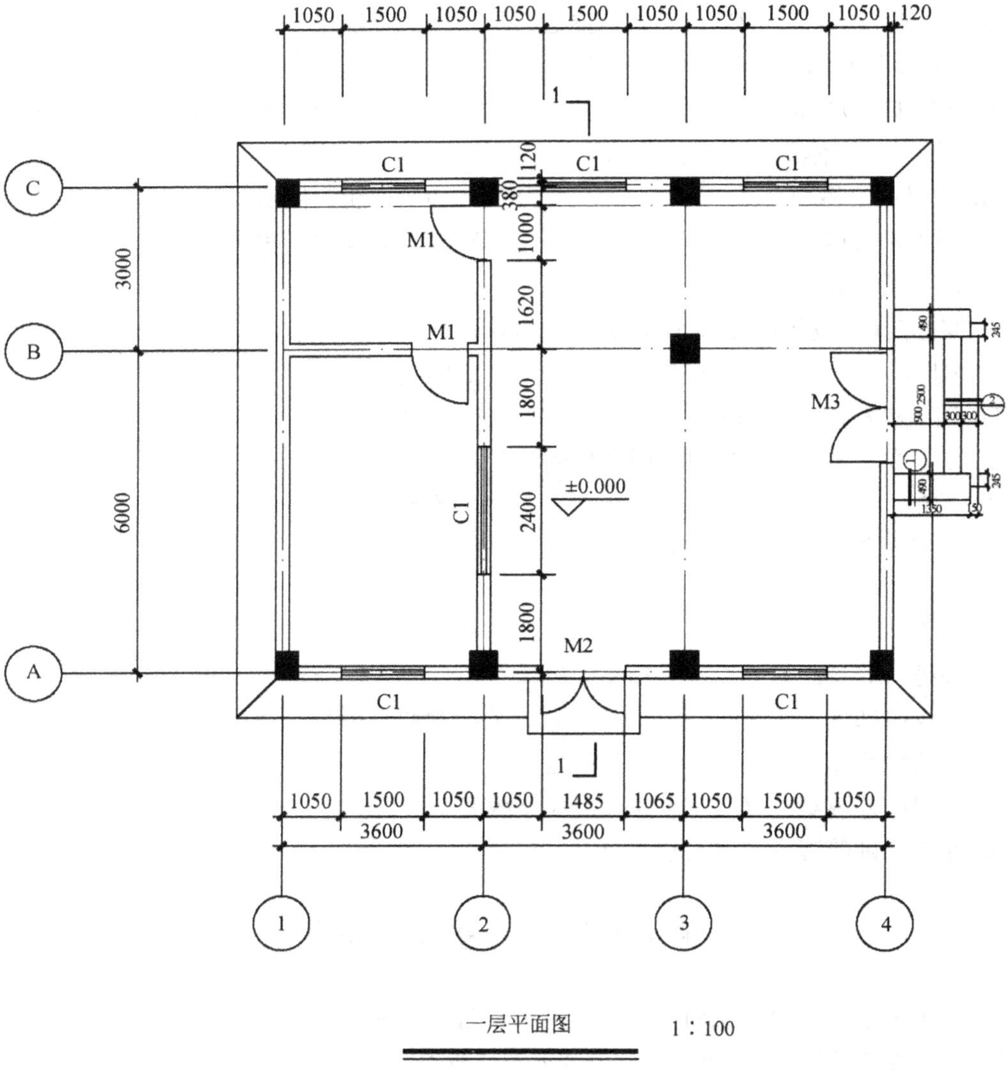

一层平面图　1：100

(a)

图 7.1　单层框架示意图

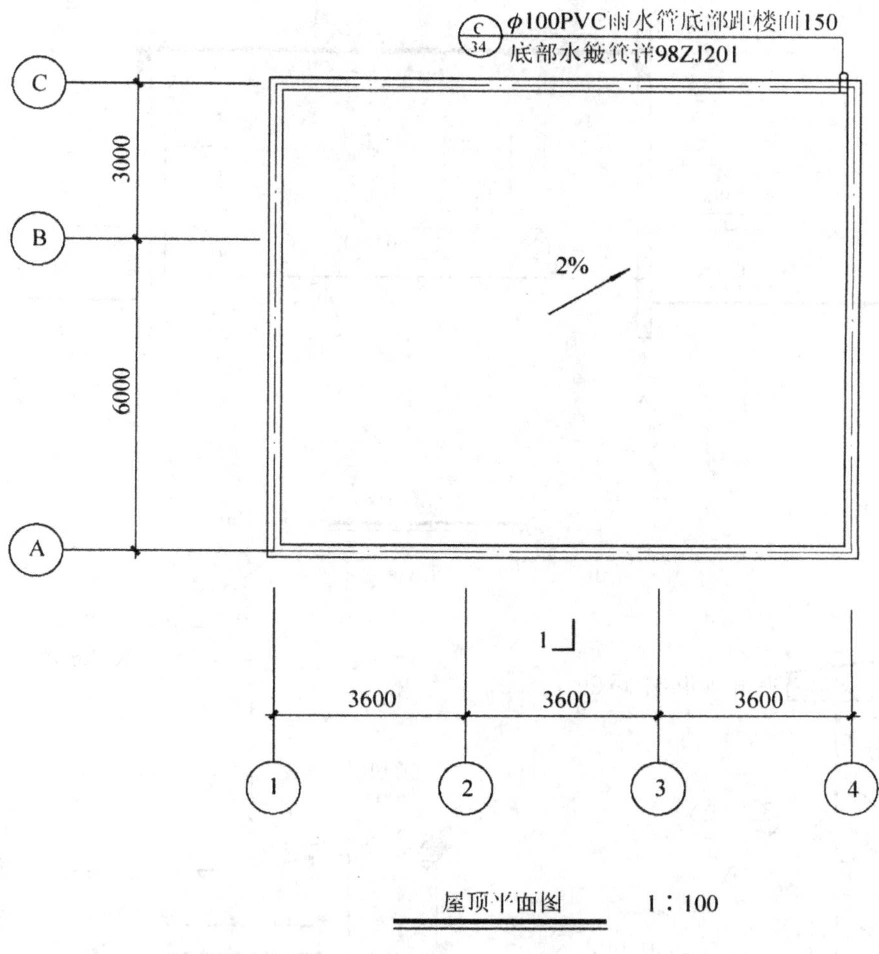

屋顶平面图 1：100

(b)

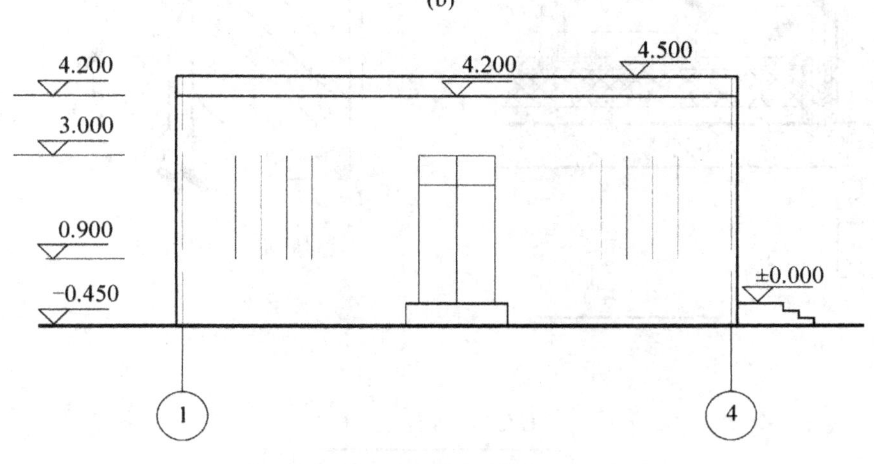

①~④立面图 1：100

(c)

图 7.1 单层框架示意图(续)

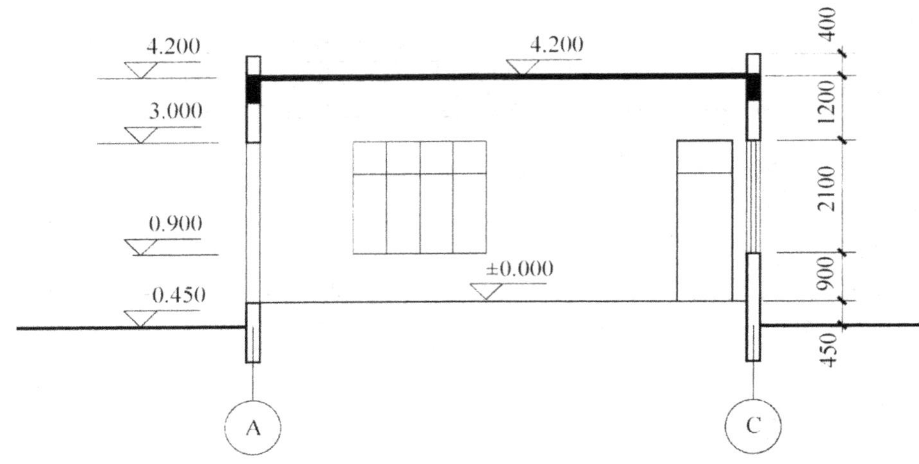

(d)

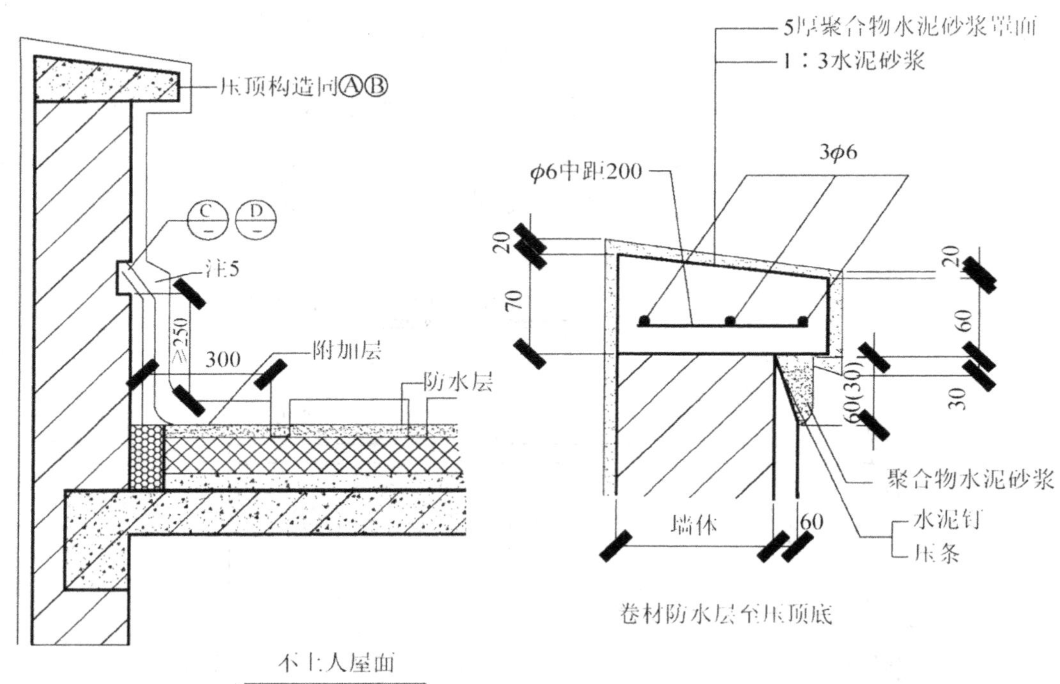

(e)

图 7.1 单层框架示意图(续)

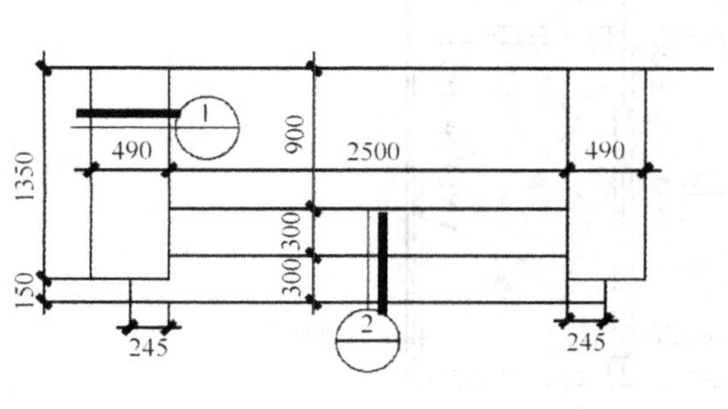

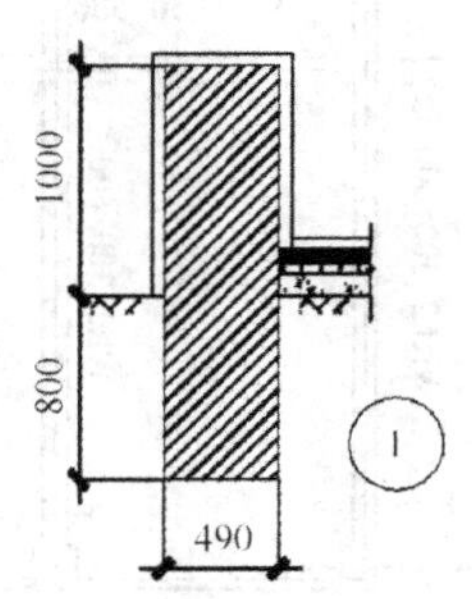

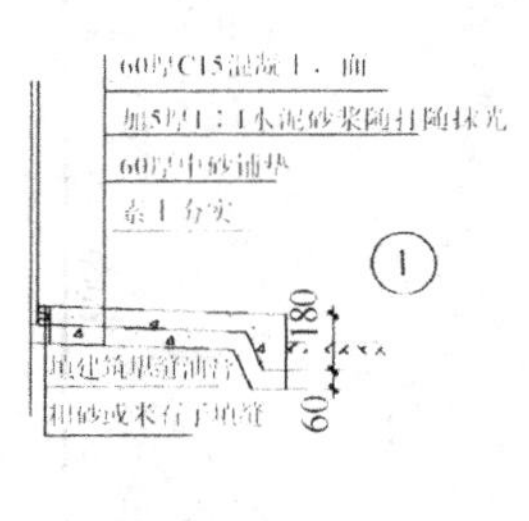

学生展厅建筑施工图　1：100

(f)

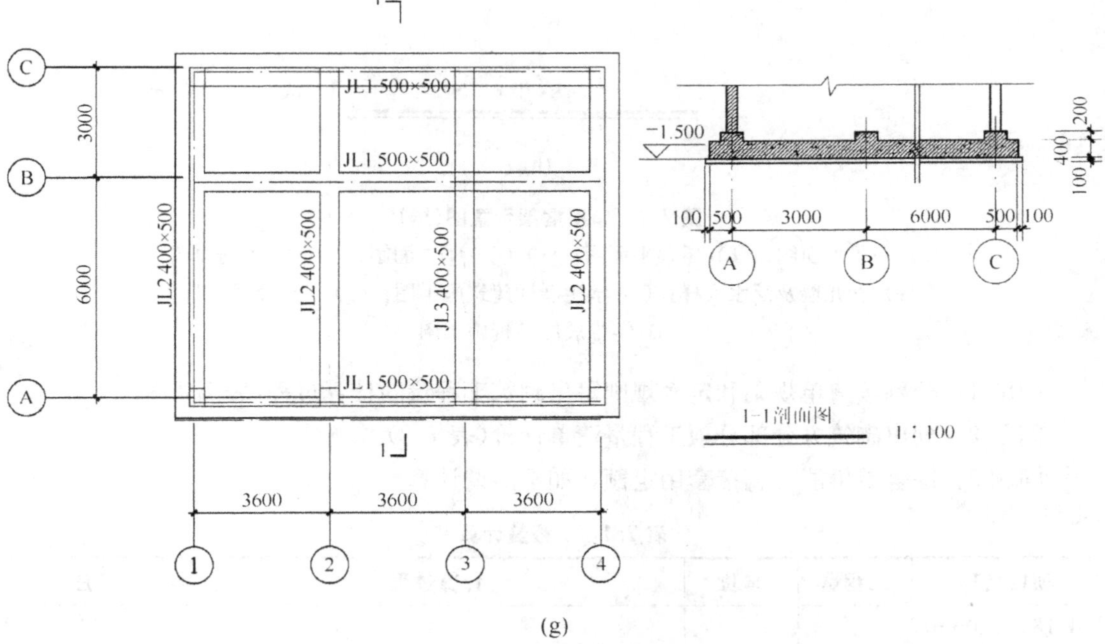

(g)

图 7.1　单层框架示意图(续)

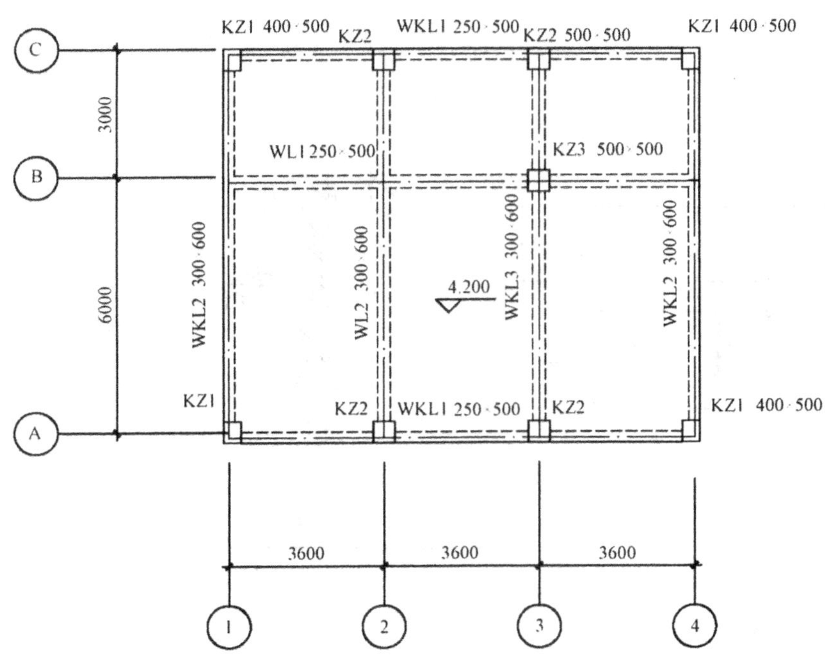

(h)

图 7.1 单层框架示意图(续)

(a) 一层平面图；(b) 屋顶平面图；(c) ①～④立面图；(d) 1—1 剖面图；(e) 女儿墙及泛水大样；(f) 学生展厅建筑施工图；(g) 1—1 剖面图；(h) 学生展厅结构施工图

问题 1：分别按清单规则和定额规则写出砌筑工程量的计算过程(表 7.1)；

问题 2：列出砌筑方分部分项工程量清单计价(表 7.2)。

问题 3：综合单价能否直接套用定额，如不能请计算。

表 7.1 工程量计算书

项目名称	工程量	单位	计算过程	备注
外墙，240mm 厚，M5 水泥砂浆砌筑				
内墙，240mm 厚，M5 石灰砂浆砌筑				
砖台阶 零星砌体				

表 7.2 分部分项工程量清单与计价表

序号	项目编码	项目名称	项目特征描述	计量单位	工程量	金额(元)		
						综合单价	合价	其中：暂估价

第8章 混凝土及钢筋混凝土工程

实训项目、要求与评价

实训项目与要求	
实训项目	实训要求
实训项目一　基础理论	掌握各种混凝土及钢筋混凝土计算规则 熟悉混凝土及钢筋混凝土平法及构造要求 掌握钢筋的计算方法
实训项目二　工程计量与计价	能结合工程图，计算工程量，编制工程量清单，计算分部分项综合单价、合价
备注与说明	查阅资料：混凝土及钢筋混凝土平法图集 建设工程量清单计量计价规范 本省消耗量定额
实训效果、评价与建议	
教学评价	教学方法　◎好　◎中　◎差
	教学内容　◎好　◎中　◎差
成绩评定	◎优　◎良　◎中　◎及格　◎不及格
教学建议	

实训项目一　基础理论

一、图示下列构件

1. 矩形柱、异形柱

2. 首层柱高、有梁板、无梁板柱高

二、假设某混凝土构件工程量为80，对照清单规范、定额填写表8.1中的混凝土计量单位、工程量。

表8.1　清单、定额混凝土计量单位、工程量

构件名称	计量模式	计量单位	工程量
基础	清单	m^3	80
	定额	$10m^3$	8
柱	清单		
	定额		
梁	清单		
	定额		
板	清单		
	定额		
楼梯	清单		
	定额		
压顶	清单		
	定额		
散水	清单		
	定额		

三、单选题

1. 现浇钢筋混凝土构件工程量，除另有规定外均应按(　　)计算。

A. 构件混凝土质量　　B. 构件混凝土体积

C. 构件的表面积　　D. 构件混凝土与模板的接触面积

2. 现浇混凝土梁、现浇混凝土板在计算混凝土及钢筋混凝土工程量时，柱高应按(　　)计算。

A. 有梁板柱高，应按柱基上表面(或楼板上表面)至上一层楼板上表面之间的高度计算

B. 无梁板的柱高，应自柱基上表面(或楼板上表面)至柱帽上表面之间的高度计算

C. 框架柱的柱高应自柱基上表面至框架梁底面

D. 构造柱按全高计算(与砖墙嵌接部分的体积不计算)

3. 钢筋混凝土结构的钢筋保护层厚度，基础有垫层时为(　　)。

A. 10mm　　B. 15mm　　C. 25mm　　D. 40mm

4. 现浇钢筋混凝土楼梯工程量，不包括(　　)。

A. 楼梯踏步　　B. 楼梯斜梁　　C. 休息平台　　D. 楼梯栏杆

5. 现浇钢筋混凝土楼梯工程量不扣除宽度小于(　　)的楼梯井面积。

A. 500mm　　B. 450mm　　C. 300mm　　D. 350mm

6. 某 3 层建筑采用现浇整体楼梯，屋顶不上人。楼梯间净长 6m，净宽 4m，楼梯井宽 450mm，长 3m，则该现浇楼梯的混凝土工程量为(　　)。

A. 22.65m^2　　B. 72.00m^2　　C. 67.95m^2　　D. 48.00m^2

7. 某砖混工程有 4 根边角构造柱，断面尺寸为 240mm×240mm，柱高 12m，则其工程量为(　　)。

A. 2.76m^3　　B. 3.11m^3　　C. 3.50m^3　　D. 3.46m

8. 现浇混凝土圈梁的工程量(　　)。

A. 并入墙体工程量　　B. 单独计算，执行圈梁定额

C. 并入楼板工程量　　D. 不计算

9. 钢筋工　的工程量单位是(　　)。

A. 体积，m^3　　B. 公称直径，mm

C. 长度，m　　D. 质量，t

10. 钢筋工程中，半圆弯钩增加长度为(　　)。

A. 3.9d　　B. 6.25d　　C. 5.9d　　D. 10d

四、多选题

1. 箱式满堂基础分别按(　　)有关规定计算。

A. 无梁式满堂基础　B. 柱　　C. 梁　　D. 板

2. 计算钢筋长度应考虑的因素有(　　)。

A. 弯钩　　B. 下料调整值

C. 混凝土保护层　　D. 弯起筋斜长

3. 现浇钢筋混凝土有梁板的计算，下列说法正确的有(　　)。

A. 按梁板体积之和计算　　B. 套有梁板的定额

C. 梁板分开列项　　D. 分别套定额

4. 不同平面形状下构造柱分别设置在(　　)处。

A. 90°转角　　B. T 形接头　　C. 十字形接头　　D. 一字形接头

5. 现浇钢筋混凝土构件应计算的内容有(　　)。

A. 运输工程量　　B. 模板工程量　　C. 钢筋工程量　　D. 混凝土工程量

五、判断题

1. 清单规则中混凝土台阶按体积计算。(　　)
2. 后浇带是指第二次现浇的带形基础。(　　)
3. 梁板整体现浇，清单中体积合并计算。(　　)
4. 无梁板的柱帽体积应合并在柱内计算。(　　)
5. 阳台、雨篷的混凝土工程量按挑出墙外部分的体积计算。(　　)

实训项目二　工程计量与计价

1. 某现浇钢筋混凝土单层厂房结构平面图如图8.1所示，梁板柱均采用C30混凝土，板厚100mm，柱基础顶面标高－1.0m，板上面标高4.8m，柱截面尺寸为：Z1＝300mm×500mm，Z2＝400mm×500mm，Z3＝300mm×400mm。

问题1：计算梁、板、柱、挑檐天沟混凝土工程量(表8.2)。

问题2：编制梁、板、柱、挑檐天沟混凝土工程量清单计价(表8.3)。

问题3：计算各子项的综合单价。

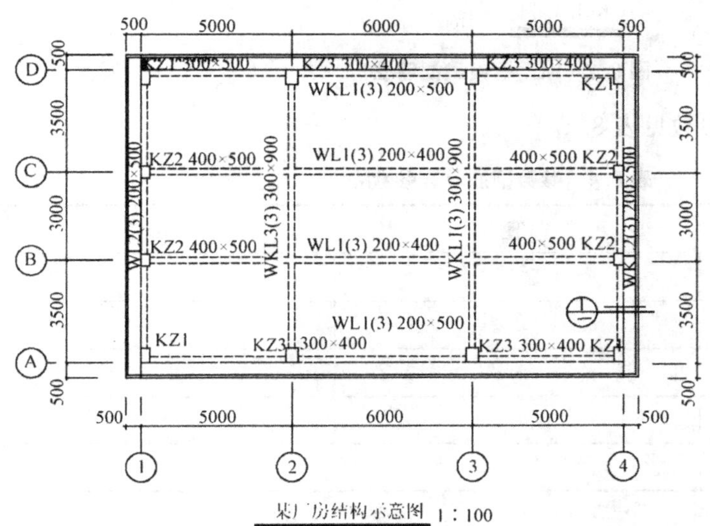

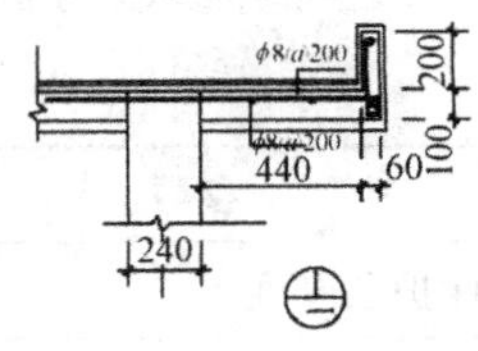

图8.1　单层厂房结构平面图

表8.2　工程量计算书

项目名称	计量模式	单位	计算过程工程量	答案
柱，C30				
梁，C30				
板，C30				
天沟、反檐				

表 8.3　分部分项工程量清单与计价表

序号	项目编码	项目名称	项目特征描述	计量单位	工程量	金额(元)		
						综合单价	合价	其中：暂估价

2. 某框架梁 KL1 配筋图如图 8.2 所示，结合混凝土及钢筋混凝土平法图集计算梁钢筋长度与重量。

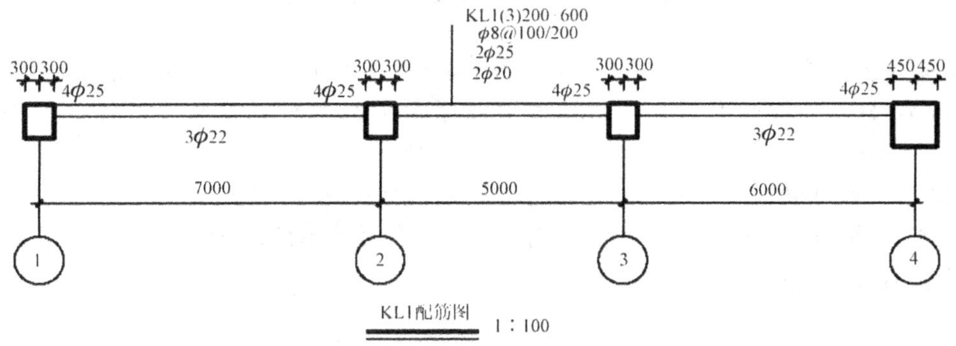

图 8.2　KL1 框架梁配筋图

（1）计算参数钢筋计算参数见表 8.4。

表 8.4　参数钢筋计算参数

参数	值	备注
柱保护层厚度		
梁保护层厚度		
抗震锚固长度 *L*ae		
双肢箍锚固长度		
箍筋起步距离		

（2）钢筋长度计算过程见表 8.5。

表 8.5　钢筋长度计算过程

上部通长筋 2B25	判断两端支座锚固方式 左端支座 600<*L*ae，因此左端支座内弯锚 15*d*＝15×25＝375 右端支座 900>*L*ae，因此右端支座内直锚 0.5*hc*＋5*d*＝0.5×900＋5×25＝575 max(*L*ae，0.5*hc*＋5*d*)＝813.75	P53　79

续表

上部通长筋 2B25	上部通长筋长度＝	
	接头个数＝	
支座 1 负筋 2B25	左端支座 600＜Lae，因此左端支座内弯锚 15d＝15×25＝375　　跨内延伸长度 Ln/3 支座 1 负筋长度计算＝600－30＋15d＋(7000－600)/3＝3079mm	
支座 2 负筋 2B25	两端延伸长度＝Lnmax/3＝(7000－600)/3＝2133.33 支座 2 负筋＝	
支座 3 负筋 2B25	两端延伸长度＝Lnmax/3＝(6000－600)/3＝1800 支座 2 负筋＝	
支座 4 负筋 2B25	右端支座 900＞Lae，因此右端支座内直锚 0.5hc＋5d＝0.5×900＋5×25＝575 max(Lae，0.5hc＋5d)＝813.75 支座 4 负筋＝	
下部通长筋 2B20	判断两端支座锚固方式 左端支座 600＜Lae，因此左端支座内弯锚 15d＝15×20＝300 右端支座 900＞Lae，因此右端支座内直锚 0.5hc＋5d＝0.5×900＋5×20＝550 Lae＝1.05×31d＝1.05×31×20＝651 max(Lae，0.5hc＋5d)＝ 651	
	下部通长筋长度＝	
	接头个数＝	
第 1 跨下部筋 1B20	第 1 跨下部筋长度＝	
第 3 跨下部筋 1B20	第 3 跨下部筋长度＝	
箍筋长度 (A8@100/200)	双肢箍筋长度计算公式＝(b－2c＋d)×2＋(h－2c＋d)×2＋(1.9d＋10d)×2＝	
	箍筋加密区长度＝1.5×500＝	三级抗震箍筋加密区为 1.5 倍梁高
每跨箍筋根数	第一跨 加密区根数＝2×[(750－50)/100＋1]＝16 非加密区根数＝(7000－600－1500)/200－1＝24 第一跨＝24＋16＝40	P85
	第二跨 加密区根数＝ 非加密区根数＝ 第二跨根数＝	

续表

	第三跨 加密区根数= 非加密区根数= 第三跨=	
	总根数=	
	箍筋总长度=	
钢筋重量		

3. 参照图 7.1 所示，结合附录 B 中的“结构设计说明(二)”中的构造柱设置说明，对其进行构造柱设置，并计算构造柱混凝土工程量。

第9章

屋面及防水工程与保温隔热工程

实训项目、要求与评价

实训项目与要求	
实训项目	实训要求
实训项目一　基础理论	掌握屋面及防水计算规则，掌握其他部位防水计算规则，掌握保温隔热工程计算规则
实训项目二　工程计量与计价	看懂屋面平面图，了解屋面的防水构造做法，了解保温隔热的部位及相应的构造做法。正确计算工程量，编制工程量清单，计算综合单价、合价
备注与说明	查阅资料：屋顶构造图集、建筑构造做法表、建设工程量清单计量计价规范、本省消耗量定额
实训效果、评价与建议	
教学评价	教学方法　◎好　◎中　◎差
	教学内容　◎好　◎中　◎差
成绩评定	◎优　◎良　◎中　◎及格　◎不及格
教学建议	

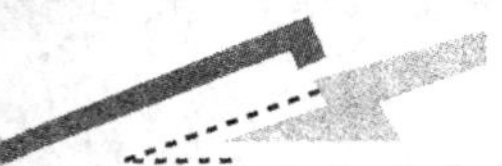

实训项目一　基础理论

一、名词解释

1. 平屋顶

2. 坡屋顶

3. 屋面坡度系数及其作用

二、填空题

1. 瓦、型材屋面按(　　　　　)计算。不扣除房上烟囱、风帽底座、风道、小气窗、斜沟等所占面积，小气窗的出檐部分(　　　　　)面积。

2. 屋面卷材防水，按设计图示尺寸以(　　　　　)计算。斜屋顶(不包括平屋顶找坡)按斜面积计算，平屋顶按(　　　　　)面积计算。不扣除房上烟囱、风帽底座、风道、屋面小气窗和斜沟所占面积。屋面的(　　　　　)等处的弯起部分，并入屋面工程量内。

3. 卷材防水，按设计图示尺寸以(　　　　　)计算。地面防水，按主墙间净空面积计算，扣除凸出地面的构筑物、设备基础等所占面积，不扣除间壁墙及单个(　　　　　)以内的柱、垛、烟囱和孔洞所占面积。

4. 墙基防水，外墙按(　　　　　)，内墙按(　　　　　)乘以宽度计算。

三、单选题

1. 卷材屋面女儿墙处弯起部分工程量，图纸无规定时，可按(　　)计算。

A. 上弯 500mm　　B. 上弯 250mm　　C. 上弯 300mm　　D. 上弯 150mm

2. 地下室平面与立面交接处的防水层，上翻高度超过(　　)mm 按照立面防水层计算。

A. 250　　B. 300　　C. 500　　D. 1000

3. 保温隔热层工程量计算，除另有规定者外，清单中均按(　　)计算。

A. 实铺厚度　　B. 实铺面积　　C. 实铺体积　　D. 实铺层数

4. 建筑防水工程中，变形缝的工程量(　　)。

A. 按 m^2 计算　　B. 不计算　　C. 按 m 计算　　D. 视情况而定

5. 根据 GB 50854—2013《房屋建筑与装饰工程工程量计算规范》，下列关于屋面卷材防水工程量的计算叙述正确的是(　　)。

A. 平屋顶按实际面积计算

B. 斜屋顶按水平投影面积计算

C. 平屋顶和斜屋顶均按水平投影面积计算

D. 斜屋顶按斜面积计算

四、多选题

1. 计算屋面面积时不扣除(　　)等所占面积。

A. 房上烟囱　　B. 风帽底座　　C. 风道　　D. 屋面小气窗

2. 建筑物地面防水、防潮层，按主墙间净面积计算，不扣除(　　)所占面积。

A. 柱　　B. 垛　　C. 间壁墙　　D. 烟囱

3. 计算建筑物地面防水、防潮工程量时，下列说法正确的是(　　)。

A. 按主墙间的净面积计算

B. 扣除凸出地面的构筑物、设备基础等所占面积

C. 应扣除 0.3m^2以内孔洞、柱所占面积

D. 在墙面连接处高度在 500mm 以内时，按展开面积计算并入平面工程量

4. 铁皮排水按展开面积计算，(　　)已计入定额项目中不另计算。

A. 水斗　　B. 水落管　　C. 咬口　　D. 搭接

5. 防水卷材定额中已包括，不需再计算的是(　　)。

A. 刷冷底子油　　B. 附加层　　C. 收头、接缝　　D. 变形缝

五、判断题

1. 隅延尺系数是计算屋面斜脊长度的。(　　)

2. 计算屋面卷材防水工程量应包括天窗弯起部分。(　　)

3. 计算立面防腐工程量砖垛等突出部分按展开面积并入墙面积内。(　　)

4. 根据定额规则，保温隔热层应按不同材料以 m^2 计算。(　　)

5. 建筑物墙基防水、防潮层工程量按体积计算。(　　)

实训项目二　工程计量与计价

1. 某建筑外墙轴线尺寸为 7.2m×4.8m，墙厚均为 240mm，女儿墙高出屋面板 500mm，涂膜遇女儿墙上翻 300mm，求该屋面涂膜防水工程量。

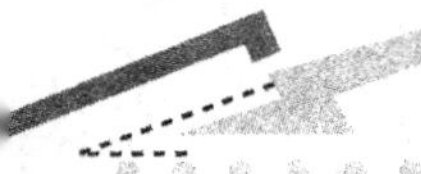

2. 有一屋面小气窗的四坡西班牙瓦屋面(310×310×15)，尺寸及坡度如图 9.1 所示，计算瓦屋面清单与定额工程量、屋脊长度工程量。

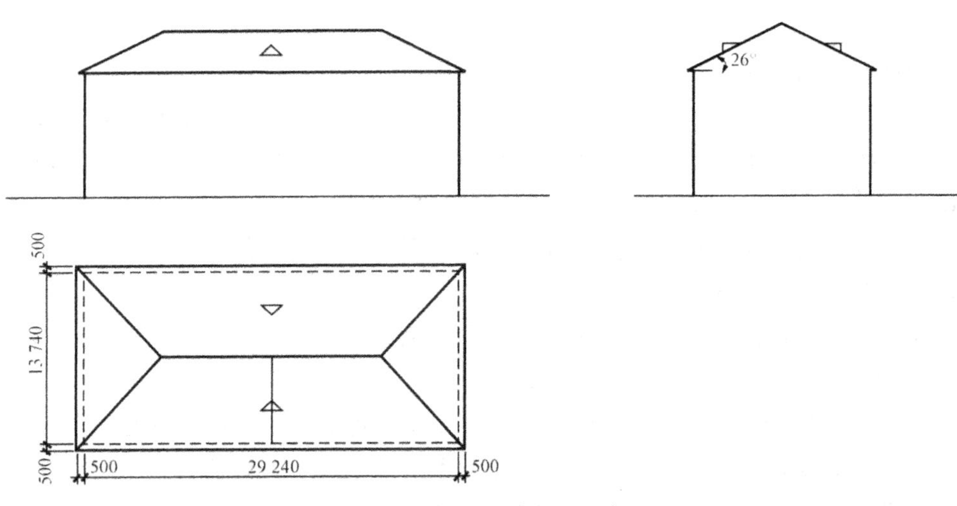

图 9.1　带气窗四坡屋面示意图

3. 如图 9.2 所示某厂房屋面，1∶3 水泥砂浆找平 20mm 厚，抹掺无机盐防水剂防水，1∶2 防水砂浆 2cm 厚，M5 水泥石灰砂浆座砌单层大阶砖(370mm×370mm×25mm)，分格缝间距 5m×5m，宽 2.5cm，石油沥青灌缝，完成该屋面工程计量与计价。

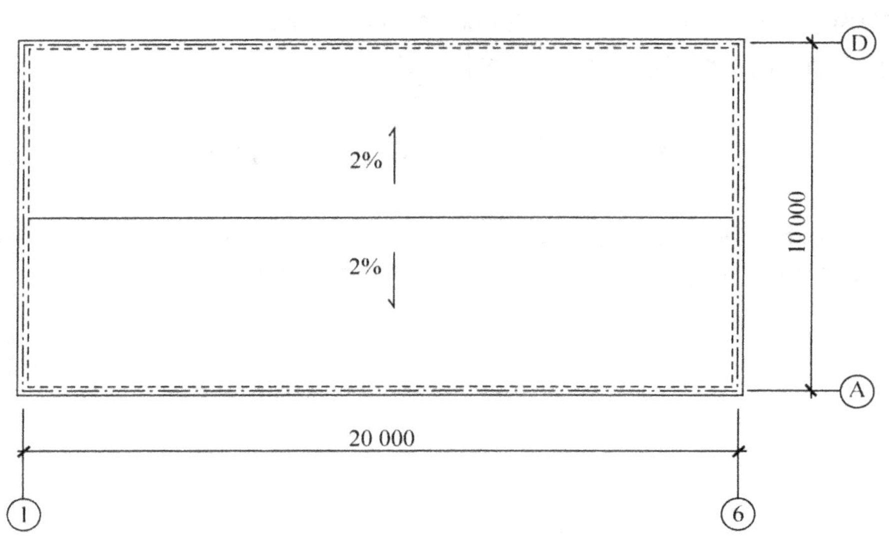

图 9.2　某厂房屋面示意图

问题 1：计算屋面刚性防水、找平层、分格缝、大阶砖隔热层工程量(表 9.1)。

问题 2：计算屋面刚性防水、找平层、分格缝、大阶砖隔热层工程量清单计价(表 9.2)。

问题 3：计算各子项的综合单价(表 9.2)。

表 9.1 工程量计算书

项目名称	计量模式	单位	计算过程工程量	答案
屋面刚性防水				
找平层				
分格缝				
大阶砖隔热层				

表 9.2 分部分项工程量清单与计价表

序号	项目编码	项目名称	项目特征描述	计量单位	工程量	金额(元)		
						综合单价	合价	其中：暂估价

4. 某地下室工程外墙做法如图 9.3 所示，1∶3 水泥砂浆找平 20mm 厚，三元乙丙橡胶卷材防水(冷贴满铺)，外墙防水高度做到 ± 0.000，编制外墙、地面卷材防水工程量、工程量清单及综合单价、合价。

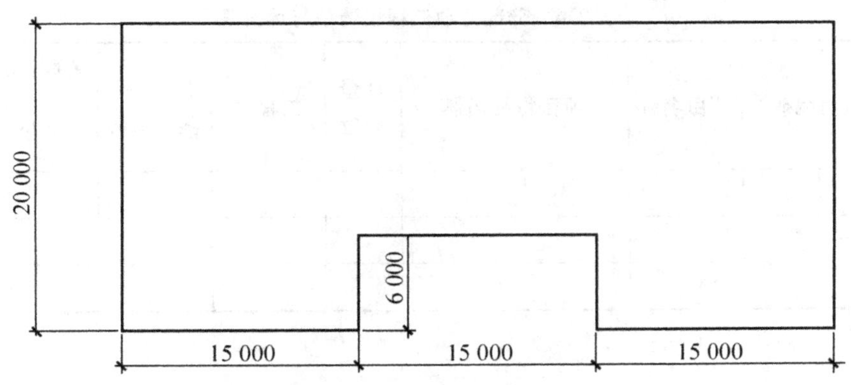

图 9.3 某地下室工程外防水做法

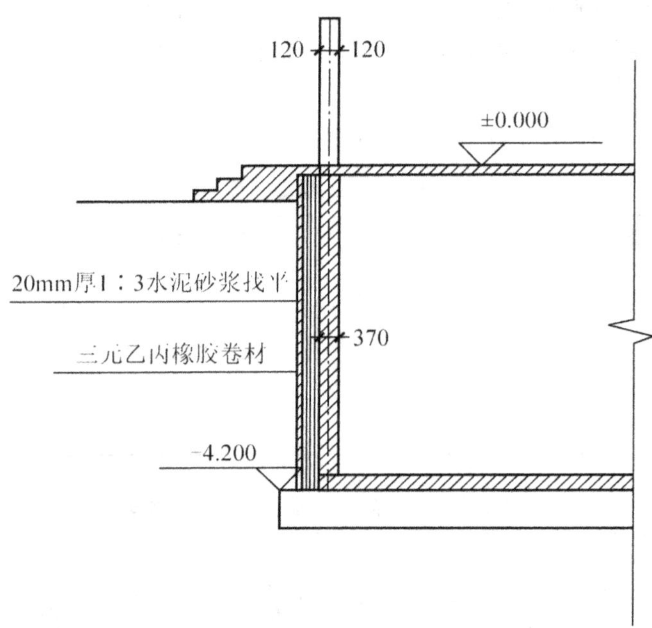

图 9.3　某地下室工程外防水做法(续)

问题 1：计算外墙卷材防水、地面卷材防水、1：3 水泥砂浆找平工程量(表 9.3)。

问题 2：计算外墙卷材防水、地面卷材防水、1：3 水泥砂浆找平工程量清单计价(表 9.4)。

问题 3：计算各子项的综合单价(表 9.4)。

表 9.3　工程量计算书

项目名称	计量模式	单位	计算过程工程量	答案
外墙卷材防水				
地面卷材防水				
1：3 水泥砂浆找平				

表 9.4　分部分项工程量清单与计价表

序号	项目编码	项目名称	项目特征描述	计量单位	工程量	金额(元)		
						综合单价	合价	其中：暂估价

第 10 章

装饰装修工程

实训项目、要求与评价

实训项目与要求					
实训项目	实训要求				
实训项目一　基础理论	掌握楼地面计算规则与计算方法；掌握墙柱面计算规则与计算方法；掌握天棚计算规则与计算方法；掌握门窗、油漆、裱糊工程量计算规则，了解砌体中门窗洞、各种混凝土构件，能根据索引符号查阅相关图集				
实训项目二　工程计量与计价	读懂装饰构造做法表，结合工程图、清单计算规则、定额规则，计算工程量、综合单价、合价				
备注与说明	查阅资料：建筑构造图集，工程图、工程量清单规范、本省消耗量定额、本地计价管理办法				
实训效果、评价与建议					
教学评价	教学方法	◎好	◎中	◎差	
	教学内容	◎好	◎中	◎差	
成绩评定	◎优	◎良	◎中	◎及格	◎不及格
教学建议					

实训项目一　基础理论

一、简答题

1. 台阶、散水的工程量分别如何计算?

2. 顶棚龙骨和顶棚面装饰各起什么作用?

3. 油漆和裱糊是一回事吗？其工程量如何计算?

二、填空题

1. 整体面层工程量，按设计图示尺寸以(　　　　　)计算。扣除凸出地面构筑物、设备基础、室内铁道、地沟等所占面积，不扣除间壁墙和(　　　　　)以内的柱、垛、附墙烟囱及孔洞所占面积。门洞、空圈、暖气包槽、壁龛的开口部分(　　　　　)面积。

2. 楼梯地面，按设计图示尺寸以楼梯(包括踏步、休息平台及500mm以内的楼梯井)(　　　　　)计算。楼梯与楼地面相连时，算至梯口梁内侧边沿；无梯口梁者，算至最上一层踏步边沿加(　　　　　)mm。

3. 墙面抹灰工程里，按设计图示尺寸以(　　　　　)计算。扣除墙裙、门窗洞目及各个(　　　　　)m^2以外的孔洞面积，不扣除踢脚线，挂镜线和墙与构件交接处的面积，门窗洞口和孔洞的侧壁及顶面(　　　　　)面积。附墙柱、梁、垛、烟囱侧壁(　　　　　)的墙面面积内。

(1) 外墙抹灰面积按外墙(　　　　　)计算；

(2) 外墙裙抹灰面积(　　　　　)乘以高度计算；

(3) 内墙抹灰面积按主墙间的(　　　　　)乘以高度计算；

① 无墙裙的，高度按室内楼地面至(　　　　　)底面计算；

② 有墙裙的，高度按(　　　　　)至天棚底面计算；

(4) 内墙裙抹灰面按(　　　　　)乘以高度计算。

4. 天棚抹灰按设计图示尺寸以(　　　　　　)计算。不扣除(　　　　　　)所占的面积，带梁天棚、梁(　　　　　　)并入天棚面积内，板式楼梯底面抹灰按斜面积计算，锯齿形楼梯底板抹灰按展开面积计算。

三、单选题

1. 楼地面工程中，地面垫层工程量按底层(　　)乘以设计垫层厚度以 m^3 计算。

A. 地面面积　　B. 建筑面积

C. 主墙间净面积　　D. 主墙轴线间面积

2. 水泥砂浆楼梯面层工程量按设计图示尺寸的(　　)计算。

A. 水平投影面积　　B. 展开面积

C. 水平投影面积乘以面层厚度　　D. 展开面积乘以面层厚度

3. 计算墙面抹灰工程量时，下列项目中(　　)的面积不扣除。

A. 踢脚线　　B. 墙裙

C. 大于 0.3m^2 的孔洞　　D. 门窗洞口

4. 计算外墙抹灰面积，不应包括(　　)。

A. 墙垛侧面抹灰面积　　B. 梁侧面抹灰面积

C. 柱侧面抹灰面积　　D. 洞口侧壁面积

5. 关于外墙面装饰抹灰工程量计算说法错误的为(　　)。

A. 应扣除门窗洞口面积

B. 应扣除 0.3m^2 以上孔洞所占的面积

C. 扣除墙与构件交接处的面积

D. 附墙柱的侧面抹灰并入墙面工程量内计算

6. 顶棚抹灰面积(　　)。

A. 按主墙轴线间面积计算　　B. 按主墙间的净面积计算

C. 扣除柱所占的面积　　D. 按主墙外围面积计算

7. 各类门窗制作、安装工程量均按(　　)以 m^2 计算。

A. 门窗洞口面积　　B. 门窗框外围面积

C. 门窗框中线面积　　D. 门窗扇面积

8. 钉板条顶棚的内墙抹灰高度按(　　)计算。

A. 室内地面至顶棚底面高度　　B. 室内地面至顶棚底面另加 10cm

C. 室内地面至顶棚底面另加 12cm　　D. 室内地面至顶棚底面另加 20cm

9. 柱面装饰抹灰工程量按(　　)计算。

A. 柱结构断面周长乘以柱高　　B. 柱外围饰面尺寸乘以柱高

C. 柱外围断面周长　　D. 柱面实际面积

10. 根据 GB 50854—2013《房屋建筑与装饰工程工程量计算规范》，下列关于墙柱装饰工程量计算，正确的是(　　)。

A. 柱饰面按柱设计高度以长度计算

B. 柱面抹灰按柱断面周长乘以高度以面积计算

C. 带肋全玻幕墙按外围尺寸以面积计算

D. 装饰板墙面按墙中心线长度乘以墙高以面积计算

四、多选题

1. 以下有关项目的清单工程量计算规则正确的是(　　)。

A. 踢脚线(板)工程量，按 m^2 计算

B. 散水工程量，按 m^2 计算

C. 金属栏杆工程量，按延长米计算

D. 楼梯踏步的防滑条工程量，按踏步两端距离以延长米计算

2. 地面垫层工程量的计算中，应扣除(　　)所占体积。

A. 凸出地面构筑物　　B. 间壁墙

C. 室内铁道　　D. 凸出地面设备基础

3. 整体楼地面面层通常有(　　)面层。

A. 水泥砂浆　　B. 现浇水磨石　　C. 细石混凝土　　D. 橡胶板

4. 以下按延长米计算工程量的有(　　)。

A. 踢脚板　　B. 散水　　C. 防滑条　　D. 栏杆

5. 关于天棚抹灰的工程量计算，正确的是(　　)。

A. 带梁天棚，梁的两侧抹灰面积，应并入天棚抹灰的工程量内计算

B. 按主墙间净面积以 m^2 计算

C. 不扣除间壁墙、垛、附墙烟囱等所占的面积

D. 檐口天棚抹灰面积并入相同的天棚抹灰工程量内计算

五、判断题

1. 有墙裙的内墙抹灰按室内地面至顶棚底面之间距离计算。(　　)

2. 铝合金门窗安装属于装饰工程预算项目。(　　)

3. 地面面层按建筑面积计算。(　　)

4. 不锈钢楼梯栏杆扶手按重量计算。(　　)

5. 封檐板就是指博风板。(　　)

实训项目二　工程计量与计价

一、根据附录综合楼构造做法表画出楼地面、墙面、天棚的构造图

二、计算题

图 10.1 所示为某老干部活动中心，图 10.1(a)、(b)为一、二层建筑平面图，图 10.1(c)为 1—1 剖面图。已知：

(1) 砖墙厚为 240mm。轴线居中。门窗框料厚度为 80mm。

(2) M-1：1.0m×2.1m，M-2：1.5m×2.1m，C-1：1.5m×1.5m，C-2：1.8m×

1.5m。C-3：3.0m×1.5m，窗台离楼地面高为900mm。

（3）装饰做法：一层地面为粘贴500mm×500mm的全瓷地面砖，瓷砖踏脚板，高200mm，二层楼面为现浇水磨石面层，水泥砂浆踢脚线150mm；内墙面为混合砂浆抹面，刮腻子涂刷乳胶漆；外墙面粘贴米色200mm×300mm墙砖。假设框架梁、屋面梁尺寸均为240mm×600mm，连系梁尺寸为240mm×400mm。

试计算：

问题1：计算教室1，2地面、教室1，2踢脚板、教室1，2内墙面抹灰工程量(表10.1)。

问题2：编制教室1，2地面、教室1，2踢脚板、教室1，2内墙面抹灰工程量清单与计价(表10.2)。

问题3：计算各子项的综合单价(表10.2)。

问题4：假设活动房为轻钢龙骨(450mm×450mm单层龙骨)石膏板吊顶，吊顶距地面高度为5500mm；墙面贴墙裙；本墙裙高度900mm，做法为细木工板基层，榉木板贴面，手刷硝基清漆6遍，磨退出亮。试计算活动室吊顶棚、木墙裙工程量，确定清单与计价。

问题5：如活动房改用直接顶棚抹灰，其抹灰工程量为多少？

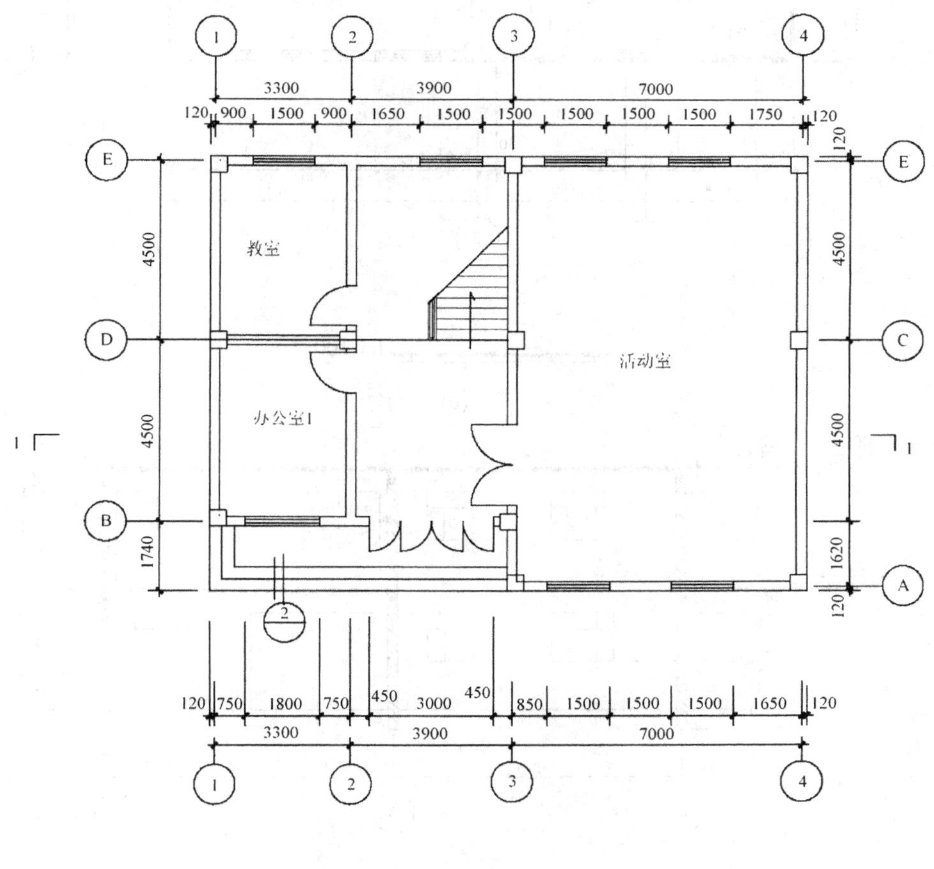

(a)

图10.1 老干部活动中心

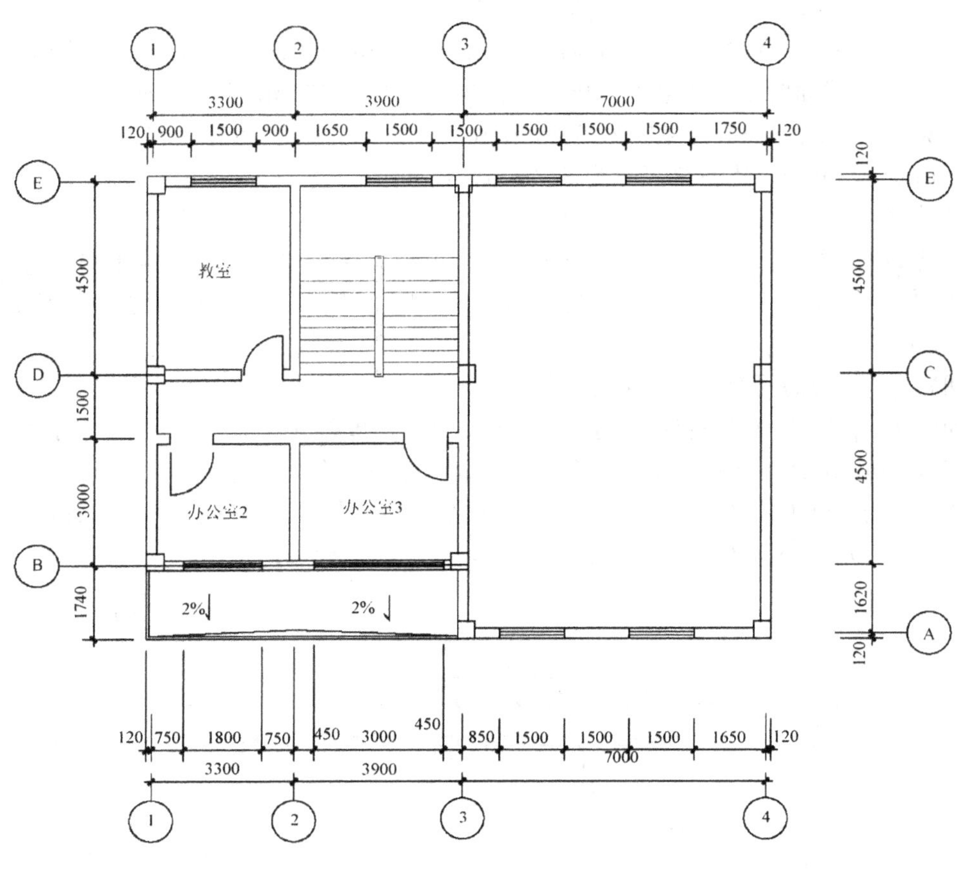

二层平面图 1：100

(b)

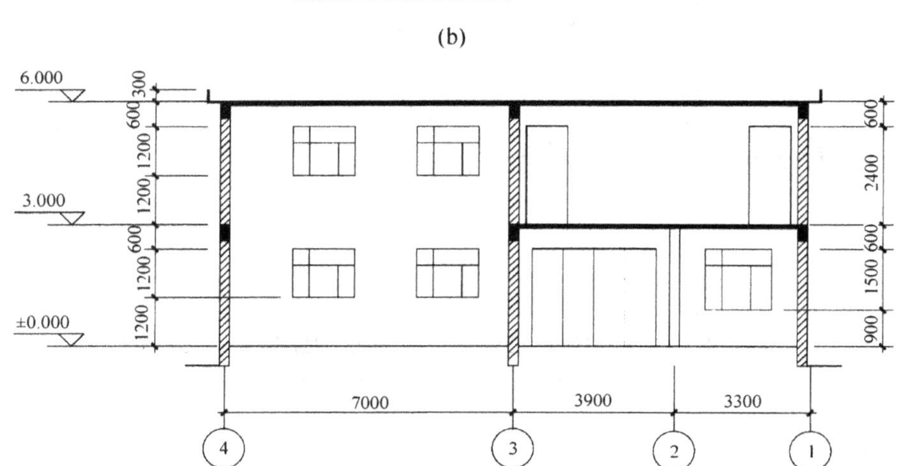

1-1剖面图 1：100

(c)

图 10.1 老干部活动中心(续)

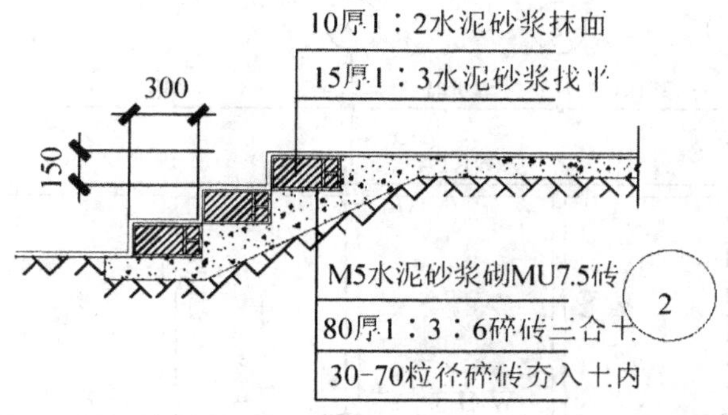

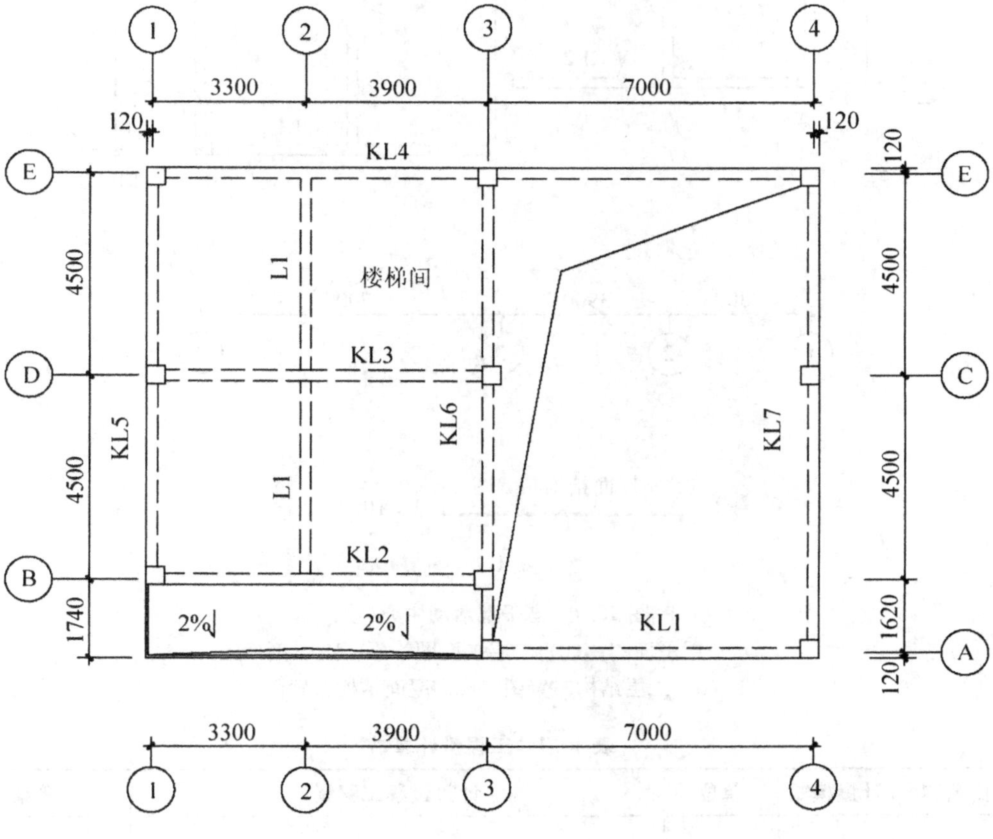

二层结构布置图　1：100

(d)

图 10.1　老干部活动中心(续)

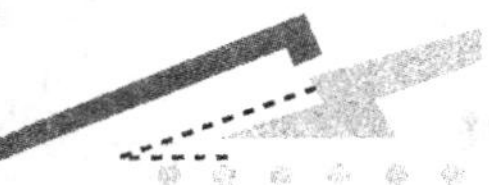

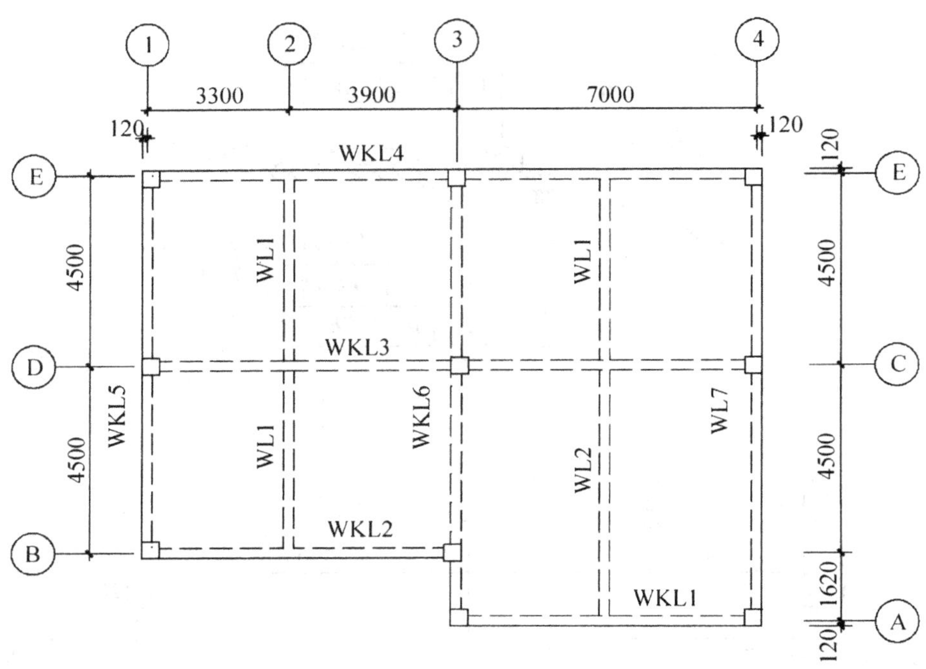

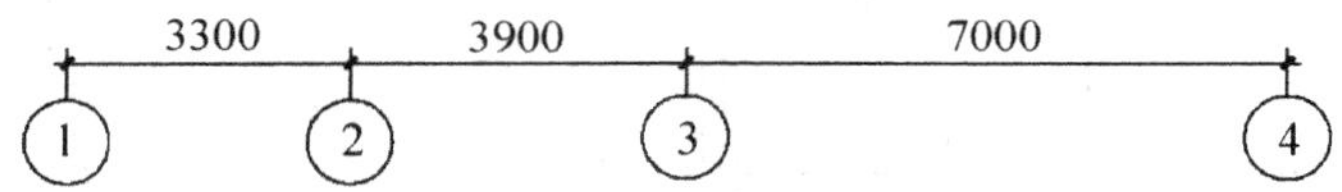

(e)

图 10.1　老干部活动中心(续)

(a) 一层平面图；(b) 二层平面图；(c) 1—1 剖面图；
(d) 二层结构布置图；(e) 屋面结构布置图

表 10.1　工程量计算书

项目名称	计量模式	单位	计算过程工程量	答案

表 10.2 分部分项工程量清单与计价表

序号	项目编码	项目名称	项目特征描述	计量单位	工程量	金额(元)		
						综合单价	合价	其中：暂估价
清单								
定额								
定额								
定额								
定额								
定额								
定额								

第11章

措施项目

实训项目、要求与评价

实训项目与要求	
实训项目	实训要求
实训项目一　基础理论	掌握不同混凝土构件模板计算，超高模板的计算；掌握不同类型脚手架工程量计算，层高对脚手架计算的影响；掌握垂直运输措施项目工程量计算规则、计算方法；了解其他措施项目的计算方法、计量单位
实训项目二　工程计量与计价	了解清单的计量单位，编码注意《2008清单规范》与《2013清单规范》有什么异同点 能对工程措施项目进行计量计价
备注与说明	查阅资料：建筑构造图集、工程图、工程量清单规范、本省消耗量定额、本地计价管理办法
实训效果、评价与建议	
教学评价	教学方法　◎好　◎中　◎差
	教学内容　◎好　◎中　◎差
成绩评定	◎优　◎良　◎中　◎及格　◎不及格
教学建议	

实训项目一　基础理论

一、措施项目简答题

1. 常用的措施项目包括哪些？

2. 措施项目中哪些是根据图来计算？哪些按分部分项乘以系数来计算？

二、模板工程简答题

1. 写出图 11.1 所示的筏板钢筋混凝土基础、垫层模板的计算公式。

2. 计算图柱、梁、板模板，对照本省定额，简述柱、梁、板模板子目分类的特点，什么时候考虑超高？超高部分如何计算？

3. 对照本省定额，写出楼梯模板的计算公式。

4. 构造柱模板如何计算？暗柱模板是否要单独列项计算？

5. 梁、板、柱模板是否要考虑超高?

三、脚手架工程与垂直运输简答题

1. 对照本省定额，简述综合楼工程要计算哪些脚手架工程量? 写出其计算公式。

2. 什么是满堂脚手架? 其工程量如何计算?

3. 垂直运输的工程量如何计算? 其子目如何划分?

实训项目二　工程计量与计价

1. 图 11.1 所示为某工程钢筋混凝土独立基础，结合本省定额计算措施项目独立基础的模板工程量、综合单价、合价。

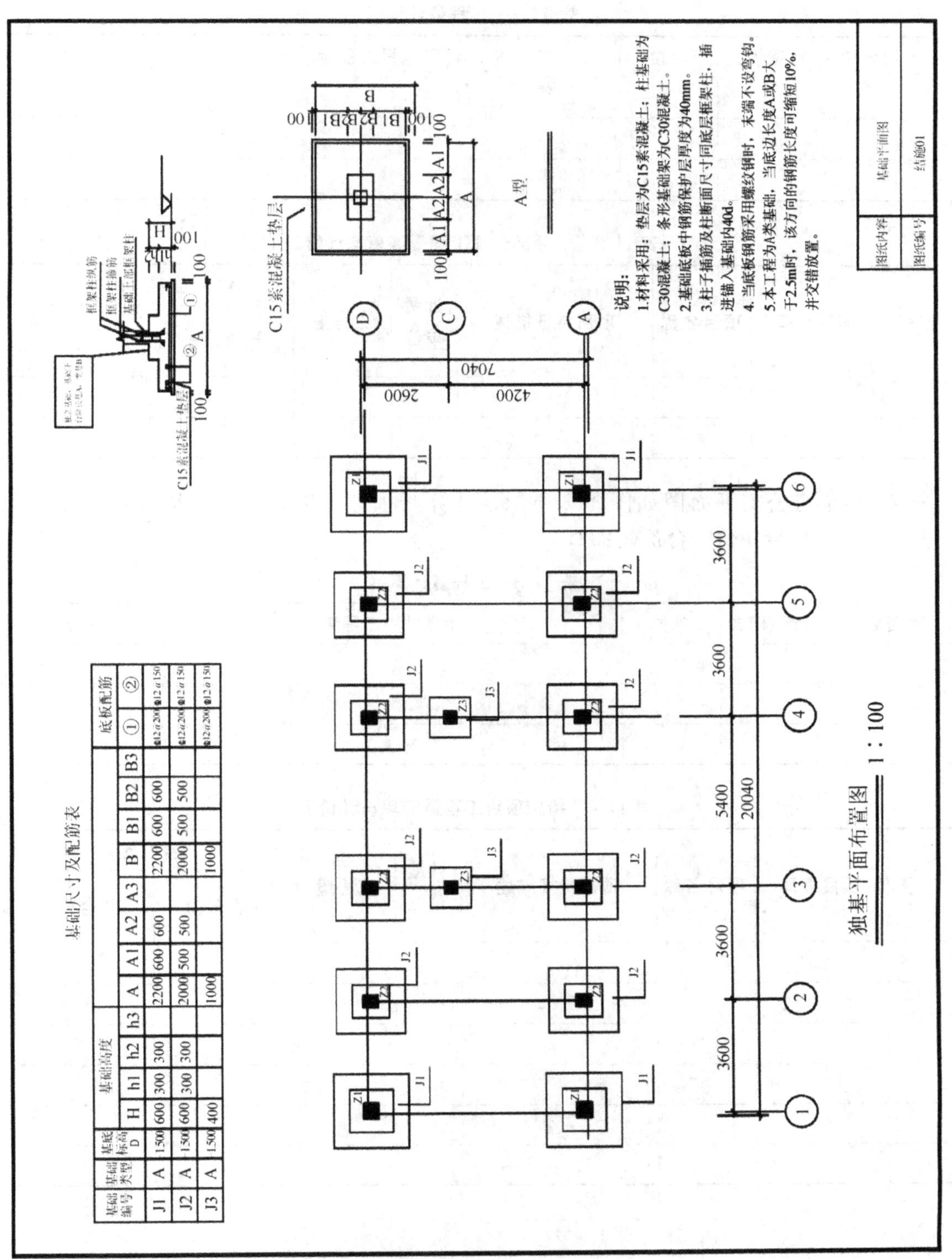

基础尺寸及配筋表

基础编号	基础类型	基底标高D	基础高度 H	h1	h2	h3	A	A1	A2	A3	B	B1	B2	B3	底板配筋 ①	②
J1	A	1500	600	300	300		2200	600	600		2200	600	600		⌀12@200	⌀12@150
J2	A	1500	600	300	300		2000	500	500		2000	500	500		⌀12@200	⌀12@150
J3	A	1500	400				1000				1000				⌀12@200	⌀12@150

图 11.1 独立基础

问题 1：计算独立基础模板工程量(表 11.1)。

问题 2：编制独立基础模板工程量清单与计价(表 11.2)。

表 11.1 工程量计算书

项目名称	计量模式	单位	计算过程工程量	答案

表 11.2 分部分项工程量清单与计价表

序号	项目编码	项目名称	项目特征描述	计量单位	工程量	金额(元)	
						综合单价	合价

2. 某单身公寓平面图如图 4.2 所示，计算其垂直运输、脚手架措施项目工程量(表 11.3)、综合单价、合价(表 11.4)。

表 11.3 工程量计算书

项目名称	计量模式	单位	计算过程工程量	答案

表 11.4 措施项目工程量清单与计价表

序号	项目编码	项目名称	项目特征描述	计量单位	工程量	金额(元)	
						综合单价	合价

第3篇

计量与计价文件的编制

第12章

综合楼工程量计算

实训项目、要求与评价

实训项目与要求	
实训项目	实训要求
实训项目一　分部分项工程量计算	掌握清单与定额各分部分项工程量计算规则与计算方法；能正确列项，按计算规则准确地计算工程量
实训项目二　措施项目工程量计算	掌握清单与定额措施项目工程量计算方法；熟悉不同措施项目的计算方法
备注与说明	查阅资料：建筑构造图集、工程图、工程量清单规范、本省消耗量定额、本地计价管理办法
实训效果、评价与建议	
教学评价	教学方法　◎好　◎中　◎差
	教学内容　◎好　◎中　◎差
成绩评定	◎优　◎良　◎中　◎及格　◎不及格
教学建议	

实训项目一 分部分项工程量计算

分部分项工程量计算书见表12.1。

表12.1 工程量计算书

工程名称：综合楼

序号	项目名称	项目特征	工程量	单位	计算式
					土石方工程
	平整场地	土壤类别：二类土；弃土运距：1km以内	141.08	m^2	平整场地＝首层建筑面积 $=20.04\times7.04=141.08(m^2)$

续表

序号	项目名称	项目特征	工程量	单位	计算式

续表

序号	项目名称	项目特征	工程量	单位	计算式

续表

序号	项目名称	项目特征	工程量	单位	计算式

续表

序号	项目名称	项目特征	工程量	单位	计算式

续表

序号	项目名称	项目特征	工程量	单位	计算式

续表

序号	项目名称	项目特征	工程量	单位	计算式

续表

序号	项目名称	项目特征	工程量	单位	计算式

续表

序号	项目名称	项目特征	工程量	单位	计算式

续表

序号	项目名称	项目特征	工程量	单位	计算式

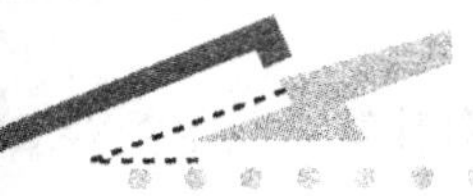
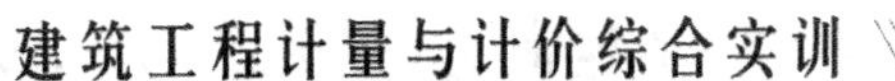

续表

序号	项目名称	项目特征	工程量	单位	计算式

续表

序号	项目名称	项目特征	工程量	单位	计算式

实训项目二　措施项目工程量计算

措施项目工程量计算的工程量计算书见表12.2。

表12.2　工程量计算书

序号	项目名称	项目特征	工程量	单位	计算式

续表

序号	项目名称	项目特征	工程量	单位	计算式

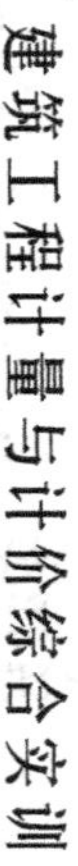

续表

序号	项目名称	项目特征	工程量	单位	计算式

续表

序号	项目名称	项目特征	工程量	单位	计算式

第 13 章 工程量清单与计价文件的编制

实训项目、要求与评价

实训项目与要求	
实训项目	实训要求
实训项目一　封面、编制说明	了解工程计价表格、封面，说明包括的内容
实训项目二　分部分项工程量清单计价	掌握分部分项项目编码、项目特征、项目名称、汇总工程量
实训项目三　措施项目工程量清单计价	掌握措施项目编码、项目特征、项目名称、汇总工程量
实训项目四　其他项目工程量清单计价	了解其他项目名称内容、工程量的计算范围
实训项目五　规费和税金清单计价	了解规费与税金内容、明细
实训项目六　单位工程计价	了解单位工程计价内容
实训项目七　综合单价分析表	了解综合单价分析内容
备注与说明	查阅资料：建设工程量清单计量计价规范本地定额、计价办法
实训效果、评价与建议	
教学评价	教学方法　◎好　◎中　◎差
	教学内容　◎好　◎中　◎差
成绩评定	◎优　◎良　◎中　◎及格　◎不及格
教学建议	

实训项目一　封面、编制说明

1. 工程量清单封面(表13.1)

表13.1　综合楼预算书工程工程量清单封面

综合楼预算书　工程

工程量清单

招标人：	______ （单位盖章）	工程造价咨询人：	______ （单位资质专用章）
法定代表人或其授权人：	______ （签字或盖章）	法定代表人或其授权人：	______ （签字或盖章）
编制人：	______ （造价人员签字盖专用章） ______	复核人：	______ （造价工程师签字盖专用章） ______

编制时间：　年　月　日　　　　复核时间：　年　月　日

2. 招标控制价封面(表 13.2)

表 13.2 招标控制价封面

<table>
<tr><td colspan="4">

招标控制价

招标控制价(小写)
(大写)：

</td></tr>
<tr><td rowspan="2">招标人</td><td rowspan="2">(单位盖章)</td><td>工程造价
咨询人</td><td></td></tr>
<tr><td></td><td>(单位资质专用章)</td></tr>
<tr><td>法定代表人
或其授权人：</td><td></td><td>(单位盖章)
法定代表人
或其授权人：</td><td></td></tr>
<tr><td>编制人：</td><td>(签字或盖章)</td><td>复核人：</td><td>(签字或盖章)</td></tr>
<tr><td></td><td colspan="2">(造价人员签字盖专用章)</td><td>(造价人员签字盖专用章)</td></tr>
<tr><td colspan="2">编制时间： 年 月 日</td><td colspan="2">复核时间： 年 月 日</td></tr>
</table>

3. 投标总价封面(表 13.3)

表 13.3 投标总价封面

投标总价

招 标 人：______________________

工程名称：______________________

投标总价(小写)：______________________

(大写)：______________________

投标人：______________________

(单位盖章)

法定代表人

或其授权人：______________________

(签字或盖章)

编制人：______________________

(造价人员签字盖用专章)

时间： 年 月 日

总说明

实训项目二 分部分项工程量清单计价

分部分项工程量清单与计价表见表13.4。

表13.4 分部分项工程量清单与计价表

工程名称： 标段： 第 页 共 页

序号	项目编码	项目名称	项目特征描述	计量单位	工程量	金额(元)		
						综合单价	合价	其中：暂估价

说明：清单综合单价$=\sum$(定额量×定额综合单价)/清单量

续表

工程名称：　　　　　　　　　　标段：　　　　　　　　　　第　页　共　页

序号	项目编码	项目名称	项目特征描述	计量单位	工程量	金额(元)		
						综合单价	合价	其中：暂估价

续表

工程名称：　　　　　　　　　　　　标段：　　　　　　　　　　第　页　共　页

序号	项目编码	项目名称	项目特征描述	计量单位	工程量	金额(元)		
						综合单价	合价	其中：暂估价

续表

工程名称：　　　　　　　　　　　　　　标段：　　　　　　　　　　　　　第　页　共　页

序号	项目编码	项目名称	项目特征描述	计量单位	工程量	金额(元)		
						综合单价	合价	其中：暂估价

续表

工程名称：　　　　　　　　　　　　标段：　　　　　　　　　　　　第　页　共　页

序号	项目编码	项目名称	项目特征描述	计量单位	工程量	金额(元)		
						综合单价	合价	其中：暂估价

续表

工程名称：　　　　　　　　　　　　标段：　　　　　　　　　　　　第　页　共　页

序号	项目编码	项目名称	项目特征描述	计量单位	工程量	金额(元)		
						综合单价	合价	其中：暂估价

续表

工程名称：　　　　　　　　　　　　标段：　　　　　　　　　　　第　页　共　页

序号	项目编码	项目名称	项目特征描述	计量单位	工程量	金额(元)		
						综合单价	合价	其中：暂估价

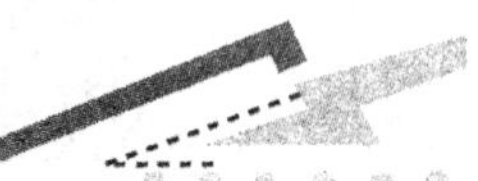

续表

工程名称：　　　　　　　　　　　　标段：　　　　　　　　　　　　第　页　共　页

序号	项目编码	项目名称	项目特征描述	计量单位	工程量	金额(元)		
						综合单价	合价	其中：暂估价

续表

工程名称：　　　　　　　　　　　　标段：　　　　　　　　　　　　第　页　共　页

序号	项目编码	项目名称	项目特征描述	计量单位	工程量	金额(元)		
						综合单价	合价	其中：暂估价

续表

工程名称：　　　　　　　　　　　　　　标段：　　　　　　　　　　　　第　页　共　页

序号	项目编码	项目名称	项目特征描述	计量单位	工程量	金额(元)		
						综合单价	合价	其中：暂估价

续表

工程名称：　　　　　　　　　　　　标段：　　　　　　　　　　第　页　共　页

序号	项目编码	项目名称	项目特征描述	计量单位	工程量	金额(元)		
						综合单价	合价	其中：暂估价

实训项目三　措施项目工程量清单计价

措施项目清单与计价表见表 13.5—表 13.6。

表 13.5　措施项目清单与计价表(一)

工程名称：　　　　标段：　　　　第　页　共　页

序号	项目名称	计算基础	费率(%)	金额(元)
1.1	综合脚手架			
1.2	脚手架安全挡板和独立挡板			
1.3	围尼龙编织布			
1.4	现场围挡			
1.5	现场仅设置卷扬机			
1.6	文明施工与安全保护、临时设施、安全施工	分部分项合计	3.16	
1.7	平安卡	取最大值(1500，分部分项合计×0.00015)		
2.1	工程保险	分部分项合计	0.03	
2.2	工程保修	分部分项合计	0.1	
2.3	赶工措施	分部分项合计	0.4	
2.4	预算包干费	分部分项合计	1	
2.5	其他费用	分部分项合计		
2.6	模板工程			
2.7	混凝土泵送增加费			
2.8	垂直运输			
2.9	材料二次搬运			
2.10	大型机械设备进出场及安拆			
	施工排水			
	施工降水			
	地上、地下设施、建筑物的临时保护设施			
	已完工及设备保护			
	各专业工程的措施项目			

表 13.6 措施项目工程量清单与计价表(二)

序号	项目编码	项目名称	项目特征描述	计量单位	工程量	金额(元)	
						综合单价	合价

续表

序号	项目编码	项目名称	项目特征描述	计量单位	工程量	金额(元)	
						综合单价	合价

实训项目四　其他项目工程量清单计价

其他项目工程量清单计价见表 13.7—表 13.11。

表 13.7　其他项目报价表

工程名称：综合楼预算书　　　　第 1 页 共 1 页

序号	项目名称	单位	金额(元)	备注
1	材料检验试验费	项		按分部分项工程费的0.3%计算
2	工程质优费	项		以分部分项工程费为计算基础，国家级质量奖：4%；省级质量奖：2.5%；市级质量奖：1.5%
3	暂列金额	项		
4	暂估价	项		
4.1	材料暂估价	项		
4.2	专业工程暂估价	项		
5	计日工	项		
6	总承包服务费	项		
7	材料保管费	项		按照材料、设备价格的1.5%收取
8	预算包干费	项		按分部分项工程费的0～2%计算

表 13.8　暂列金额明细表

工程名称：综合楼预算书　　　　第 1 页 共 1 页

序号	项目名称	计量单位	暂定金额(元)	备注
	工程量清单中工程偏差和设计变更			

表 13.9　专业工程暂估价明细表

工程名称：综合楼预算书　　　　第 1 页 共 1 页

序号	工程名称	工程内容	金额(元)	备注
1	铝合金门窗安装	制作、安装		

表 13.10　计日工报价表

工程名称：综合楼预算书　　　　第 1 页 共 1 页

编号	项目名称	单位	暂定数量	综合单价	合价
一	人工				
1	普工	工日			
2	技工	工日			
	人工小计				
二	材料				
1					
	材料小计				
三	施工机械				
1					
	施工机械小计				

表 13.11　总承包服务费报价表

工程名称：综合楼预算书　　　　第 1 页 共 1 页

序号	项目名称	项目价值(元)	服务内容	费率(%)	金额(元)
1	预制桩工程				

实训项目五 规费和税金清单计价

规费和税金项目计算表见表13.12。

表13.12 规费和税金项目计算表

工程名称：综合楼预算书　　　　第 1 页 共 1 页

序号	项目名称	计算基础	费率(%)	金额(元)
1	规费	规费合计		
1.1	工程排污费	分部分项合计＋措施合计＋其他项目		
1.2	社会保障费包括养老保险、失业保险、医疗保险			
1.3	住房公积金			
1.4	工商保险			
2	税金	分部分项合计＋措施合计＋其他项目＋规费	3.41	

说明：规费项目清单主要包括工程排污费、社会保障费、住房公积金、工商保险。

实训项目六 单位工程计价

单位工程投标价汇总见表13.13。

表13.13 单位工程投标价汇总表

工程名称：综合楼预算书　　　　第 1 页 共 1 页

序号	费用名称	计算基础	金额(元)
1	分部分项合计	分部分项合计	
1.1	土(石)方工程		
1.2	桩基与基础工程		
1.3	砌筑工程		
1.4	混凝土及钢筋混凝土工程		
1.5	屋面及防水工程		
1.6	防腐、隔热、保温工程		
1.7	楼地面工程		

续表

序号	费用名称	计算基础	金额(元)
1.8	墙、柱面工程		
1.9	天棚工程		
1.10	门窗工程		
1.11	油漆、涂料、裱糊工程		
2	措施合计	安全防护、文明施工措施项目费+其他措施费	
2.1	安全防护、文明施工措施项目费	安全及文明施工措施费	
2.2	其他措施费	其他措施费	
3	其他项目	其他项目合计	
3.1	材料检验试验费	材料检验试验费	
3.2	工程优质费	工程优质费	
3.3	暂列金额	暂列金额	
3.4	暂估价	暂估价合计	
3.5	计日工	计日工	
3.6	总承包服务费	总承包服务费	
3.7	材料保管费	材料保管费	
3.8	预算包干费	预算包干费	
3.9	索赔费用	索赔费用	
3.10	现场签证费用	现场签证费用	
4	规费	规费合计	
5	税金	(分部分项合计+措施合计+其他项目+规费)×税率	
6	总造价=1+2+3+4+5	分部分项合计+措施合计+其他项目+规费+税金	

实训项目七　综合单价分析表

1. 计算平整场地综合单价示例(表13.14)。

表 13.14　平整场地综合单价分析表

工程名称：综合楼

<table>
<tr><td>项目编码</td><td colspan="2">010101001001</td><td colspan="2">项目名称</td><td colspan="2">平整场地</td><td colspan="2">计量单位</td><td colspan="2">m^2</td></tr>
<tr><td colspan="12">清单综合单价组成明细</td></tr>
<tr><td rowspan="2">定额编号</td><td rowspan="2">定额名称</td><td rowspan="2">定额单位</td><td rowspan="2">数量</td><td colspan="4">单价</td><td colspan="4">合价</td></tr>
<tr><td>人工费</td><td>材料费</td><td>机械费</td><td>管理费和利润</td><td>人工费</td><td>材料费</td><td>机械费</td><td>管理费和利润</td></tr>
<tr><td>A1-1</td><td>平整场地</td><td>$100m^2$</td><td>0.01</td><td>188.19</td><td></td><td></td><td>63.04</td><td>1.88</td><td></td><td></td><td>0.63</td></tr>
<tr><td colspan="2">人工单价</td><td colspan="6">小计</td><td>1.88</td><td></td><td></td><td>0.63</td></tr>
<tr><td colspan="2">综合工日
51元/工日</td><td colspan="6">未计价材料费</td><td colspan="4"></td></tr>
<tr><td colspan="8">清单项目综合单价</td><td colspan="4">2.51</td></tr>
<tr><td rowspan="5">材料费明细</td><td colspan="5">主要材料名称、规格、型号</td><td>单位</td><td>数量</td><td>单价（元）</td><td>合价（元）</td><td>暂估单价（元）</td><td>暂估合价（元）</td></tr>
<tr><td colspan="5"></td><td></td><td></td><td></td><td></td><td></td><td></td></tr>
<tr><td colspan="5"></td><td></td><td></td><td></td><td></td><td></td><td></td></tr>
<tr><td colspan="5"></td><td></td><td></td><td></td><td></td><td></td><td></td></tr>
<tr><td colspan="5"></td><td></td><td></td><td></td><td></td><td></td><td></td></tr>
</table>

说明：可结合本省定额和计价依据计算各子项的综合单价。

2. 完成综合楼工程量的核对，进行综合单价分析，计算综合单价、合价(表 13.15)。

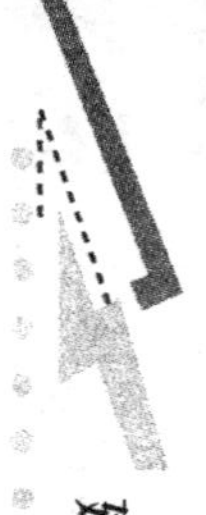

表 13.15　综合楼综合单价分析表

序号	项目编码	项目名称	计量单位	工程量						金额		
					人工费	材料费	机械费	管理费	利润	综合单价	合价	其中：暂估价
		土(石)方工程										
1		平整场地										
2		挖基坑土方										
3		挖沟槽土方(基础梁)										
4		土(石)方回填(基础)										
5		土(石)方回填(房心回填土)										
		桩与地基基础工程										
6		预制钢筋混凝土桩										
7		预制钢筋混凝土桩(试验桩)										
8		预制钢筋混凝土桩(送桩)										
9		预制钢筋混凝土桩(空桩部分)										
10		接桩										
11		预制钢筋混凝土桩										
12		预制钢筋混凝土桩(试验桩)										
13		预制钢筋混凝土桩(送桩)										
14		预制钢筋混凝土桩(空桩部分)										
15		接桩										
		砌筑工程										
16		实心砖墙(外墙)										

续表

序号	项目编码	项目名称	计量单位	工程量	人工费	材料费	机械费	管理费	利润	金额		
										综合单价	合价	其中：暂估价
17		砌块墙(内墙)										
18		砌块墙(内墙，隔墙)										
19		零星砌砖(台阶)										
20		零星砌砖(水厕蹲位)										
		混凝土及钢筋混凝土工程										
21		桩承台基础，混凝土										
22		垫层										
23		基础梁										
24		矩形柱，框架柱										
25		矩形柱，构造柱										
26		有梁板										
27		直形楼梯										
28		过梁										
29		阳台、雨棚										
30		挑檐、天沟										
31		散水										
32		其他构件(压顶)										
33		其他构件(飘窗台)										
34		圈梁										

续表

序号	项目编码	项目名称	计量单位	工程量	人工费	材料费	机械费	管理费	利润	金额		
										综合单价	合价	其中：暂估价
35		现浇混凝土钢筋（A10mm以内）										
36		现浇混凝土钢筋（B10以上25mm以内）										
37		现浇混凝土钢筋（B25mm以上）										
		屋面及防水工程										
38		屋面卷材防水										
39		屋面刚性防水										
40		屋面天沟，反檐防水										
41		屋面天沟，反檐防水										
42		散水变形缝										
43		屋面分隔缝										
44		保温隔热屋面										
		楼地面工程										
45		水泥砂浆地面（首层地面楼梯间）										
46		水泥砂浆楼面(2～3层楼梯间地面)										
47		水泥沙浆踢脚										

续表

序号	项目编码	项目名称	计量单位	工程量						金额		
					人工费	材料费	机械费	管理费	利润	综合单价	合价	其中：暂估价
48		块料楼地面(首层走廊、办公、教室)										
49		块料楼地面(2～3层走廊、办公、教室)										
50		块料踢脚线										
51		块料楼地面(首层卫生间)										
52		块料楼地面(2～3层卫生间)										
53		硬木地板										
54		楼梯地面										
55		散水地面										
56		台阶地面(踏步)										
57		台阶地面(入口)										
58		楼梯扶手、栏杆										
59		阳台扶手、栏杆										
		墙柱面工程										
60		墙面一般抹灰(内墙)										
61		墙面装饰抹灰(外墙)										
62		块料墙面(卫生间)										
63		块料墙面(外墙墙裙)										

续表

序号	项目编码	项目名称	计量单位	工程量	人工费	材料费	机械费	管理费	利润	金额		
										综合单价	合价	其中：暂估价
64		胶合板墙裙										
65		零星项目一般抹灰(内装饰)										
66		零星项目一般抹灰(外装饰)										
67		墙、柱面钉(挂)钢(铁、玻璃纤维)网										
68		墙、柱面钉(挂)钢(铁、玻璃纤维)网										
		天棚工程										
69		天棚抹灰(房间)										
70		天棚抹灰(楼梯间)										
71		天棚抹灰(阳台、挑檐)										
72		天棚吊顶(卫生间)										
73		天棚吊顶(大厅、走道)										
		门窗工程										
74		镶板木门										
75		镶板木门										
76		镶板木门										
77		木质防火门										
78		铝合金门										

续表

序号	项目编码	项目名称	计量单位	工程量						金额		
					人工费	材料费	机械费	管理费	利润	综合单价	合价	其中：暂估价
79		金属平开窗										
80		金属平开窗										
81		金属平开窗(飘窗)										
82		全玻门(带扇框)										
		油漆、涂料与裱糊工程										
83		抹灰面油漆(天棚)										
84		抹灰面油漆(零星)										
85		抹灰面油漆(墙柱面)										
86		刷喷涂料(外墙)										
		其他工程										
87		洗漱台										

附录 A　综合楼建筑施工图

建施图纸目录

序号	图纸类别	图纸内容
1	建施 0—1	建筑施工图设计说明
2	建施 0—2	装修构造做法表一
3	建施 0—3	装修构造做法表二
4	建设 0—4	房间装饰做法表
5	建施 01	一层平面图
6	建施 02	二层平面图
7	建施 03	三层平面图
8	建施 04	屋顶平面图
9	建施 05	①—⑥立面图
10	建施 06	⑥—①立面图
11	建施 07	Ⓓ—Ⓐ立面图、1—1 剖面图
12	建施 08	2—2 楼梯间剖面图

建筑施工图设计说明

一、工程概况

1. 本工程为混凝土框架结构，地上 3 层，建筑面积 431.43m²。

2. 室外场地自然标高按−0.45m，土壤类别三类土，不考虑地下水。

二、建筑主要材料与构造

1. 砌体材料：外墙 Mu10 标准砖 240mm 厚，M7.5 水泥石灰砂浆砌筑。

内墙：分户墙，混凝土空心砌块，200mm 厚，M7.5 水泥石灰砂浆砌筑；卫生间隔墙 120mm 厚，M7.5 水泥石灰砂浆砌筑。

2. 凡不同墙体交接处以及墙体中堪有设备箱、柜等同墙体等宽时，粉刷前在交接处及箱体背面加铺一层纺织钢丝网，外墙满挂，内墙周边宽出 250mm 以保证粉刷质量。

三、门窗表

名称	宽度(mm)	高度(mm)	离地高(mm)	类型	数量				钢筋混凝土过梁			油漆
					一层	二层	三层	总数	高度	宽度	长度	
M1	1000	2100		镶板门	1	1	1	3	见结施	见结施	见结施	木门油漆底漆一遍，咖啡色调和漆二遍
M2	1500	2100		镶板门	1	1	1	3				
M3	900	2100		镶板门	1	1	1	3				
M4	700	2100		铝合金门	2	2	2	6				
FM	1200	2100		木质防火门	1	1	1	3				
BLM	2800	3100		玻璃门	1	1	1	3				
C1	1800	1800	900	铝合金	5	5	5	15				
C2	600	1500	1500	平开窗	2	2	2	6				
C3	1800	1800	900	飘窗	3	3	3	9				

四、装修房间名称表

编号	装修房间位置及名称	编号	装修房间名称	编号	装修房间名称	编号	装修房间名称
地 1	一层楼梯间	楼 1	二～三层楼梯间	踢 1	一～三层楼梯间	内墙 1	一～三层办公室、走道、楼梯间、大厅
地 2	一层办公室、大厅、走道	楼 2	二～三层办公室、大厅、走道	踢 2	一～三层办公室	内墙 2	一～三层卫生间
地 3	一层卫生间	楼 3	二～三层卫生间	踢 2	走道	棚 1	一～三层办公室、楼梯间
楼 4	教室 303	楼 5	阳台	棚 2	一～三层卫生间	棚 3	大厅、走道

建施 0-1

装修构造做法表一

编号	装修名称	用料及分层做法	位置	编号	装修名称	用料及分层做法	位置	编号	装修名称	用料及分层做法	位置
地1	水泥砂浆地面	1. 20mm厚1∶2.5水泥砂浆抹面压石赶光	首层 楼梯间地面	地2	地砖地面	1. 500mm×500mm地砖，稀水泥浆(或彩色水泥浆)擦缝	首层 走道 大厅 教室 办公室	地3	地砖地面	1. 300mm×300mm防滑砖，稀水泥浆(或彩色水泥浆)擦缝	首层 卫生间
		2. 刷素水泥浆一道				2. 撒素水泥面，洒适量清水				2. 撒素水泥面，洒适量清水	
		3. 10mm厚聚合物水泥防水砂浆				3. 20mm厚1∶4硬性水泥砂浆结合层				3. 20mm厚1∶4硬性水泥砂浆结合层	
		4. 100mm厚轻质混凝土垫层				4. 100mm厚轻质混凝土垫层				4. 1.5mm厚聚合物水泥基防水涂膜	
		5. 素土夯实				5. 素土夯实				5. 100mm厚轻质混凝土垫层找坡	
										6. 素土夯实	
楼1	水泥砂浆楼面	1. 20mm厚1∶2.5水泥砂浆抹面压实赶光	1～3层 楼梯间	楼2	地砖地面	1. 500mm×500mm地砖，稀水泥浆(或彩色水泥浆)擦缝	2～3层 走道 大厅 办公 教室	楼3	地砖地面	1. 300mm×300mm抛光砖，稀水泥浆(或彩色水泥浆)擦缝	2～3层 卫生间
		2. 20mm厚1∶3水泥砂浆找平层				2. 撒素水泥面，洒适量清水				2. 撒素水泥面，洒适量清水	
		3. 现浇钢筋混凝土楼板				3. 20mm厚1∶4水泥砂浆找平层				3. 20mm厚1∶4水泥砂浆找平层	
						4. 现浇钢筋混凝土楼板				4. 1.5mm厚聚合物水泥基防水涂膜	
										5. 现浇钢筋混凝土楼板	
踢1	水泥砂浆踢脚(高100mm)	1. 8mm厚1∶2.5水泥砂浆罩面压实赶光	楼梯间	踢2	地砖踢脚(高100mm)	1. 8～10mm厚地砖踢脚板，白水泥浆擦缝	走道 大厅 办公	楼4	硬实木企口地面	1. 18mm厚普通企口地板	教育302
		2. 素水泥浆一道				2. 5mm厚1∶2水泥砂浆(内掺建筑脚)粘结层				2. 泡末防潮纸防潮层	
		3. 15mm厚1∶2∶8水泥石灰砂浆打底扫毛或划出纹道				3. 15mm厚1∶2∶8水泥砂浆找平				3. 20mm厚1∶4水泥砂浆找平层	
						4. 素水泥浆一道				4. 现浇钢筋混凝土楼板	

建施 0－2

装修构造做法表二

编号	装修名称	用料及分层做法	位置	编号	装修名称	用料及分层做法	位置	编号	装修名称	用料及分层做法	位置
内墙1	水泥砂浆墙面	1. 扫乳胶漆二遍	教室 办公 大厅 走道 楼梯	内墙2	瓷砖墙面	1. 20mm 厚 1∶3 水泥砂浆	卫生间	墙裙1	胶合板墙裙	1. 浅黄色聚氨脂 3 遍	首层 教室 302
		2. 满副双飞粉腻子二遍				2. 聚合物水泥砂浆 5mm 厚				2. 5mm 厚胶合板面层	
		3. 12mm 厚 1∶3 水泥砂浆罩面				3. 3～4mm 厚 1∶2 水泥砂浆结合层				3. 15mm×40mm 木压条基层	
						4. 4～5mm 厚釉面砖白水泥擦缝				4. 刷石油沥青马蹄脂	
										5. 15mm 厚 1∶2∶8 水泥砂浆打底扫毛或划出痕道	
棚1	乳胶漆顶棚	1. 刷乳胶漆 3 道	教室 办公 楼梯	棚2	纸面石膏板吊顶	1. 刷乳胶漆二遍	大厅 走道	棚3	铝扣板吊顶	1. 挂 0.8mm～1mm 厚条形铝扣板	卫生间
		2. 满挂腻子找平				2. 满刮双飞粉腻子二遍				2. 墙面固定铝合金龙骨，爆炸螺丝栓牢	
		3. 5mm 厚 1∶3 水泥砂浆罩面				3. 9.5mm 厚纸面防水石膏板 450mm×450mm		屋面构造做法		1. 1∶8 水泥陶粒局部找坡	找坡层
		4. 5mm 厚 1∶3 水泥砂浆打底				4. 装配式 U 形轻钢天棚龙骨，龙骨吸顶吊件用膨胀栓与钢筋混凝土固定				2. 15mm 厚 1∶3 水泥砂浆	找平层
		5. 素水泥浆一道甩毛(内掺建筑胶)								3. 100mm 厚加气混凝土块	绝热层
外墙1	彩釉面砖	1. 1∶1 水泥砂浆勾缝	外墙裙	外墙2	高级外墙涂料	1. 高级外墙涂料	外墙（墙裙以上）			4. 干铺油毡一层	找平层
		2. 贴 6～10mm 厚彩釉面砖				2. 6mm 厚 1∶2.5 水泥砂浆罩面				5. 一道柔性防水	柔性防水层
		3. 6mm 厚 1∶0.2∶2.5 水泥石灰膏砂浆				3. 12mm 厚 1∶3 水泥砂浆打底扫毛或划出纹道				6. 15mm 厚 1∶3 水泥砂浆	隔离层
		4. 12mm 厚 1∶3 水泥砂浆打底扫毛或划出纹道								7. 10mm 厚细实混凝土，分缝、嵌缝	保护层
										8. 浅色地砖，3mm 厚聚合物水泥砂浆铺贴	面层

建施 0－3

房间装饰做法表

楼层	做法 / 房间	地面	内墙面	墙裙	踢脚	天棚
首层	教室 101、102	地 2	内墙 1	/	/	棚 1
	办公室 103	地 2	内墙 1	/	踢 2	棚 1
	楼梯间	地 1	内墙 1	/	踢 1	棚 1
	卫生间	地 3	内墙 2	/	/	棚 2
	走廊	地 2	内墙 1	/	踢 2	棚 3
	大厅	地 2	内墙 1	/	/	棚 3
二层	教室 201、202	楼 2	内墙 1	/	/	棚 1
	办公室 203	楼 2	内墙 1	/	踢 2	棚 1
	楼梯间	楼 1	内墙 1	/	踢 1	棚 1
	卫生间	楼 3	内墙 2	/	/	棚 2
	走廊	楼 2	内墙 1	/	踢 2	棚 3
	阳台	楼 5	/	/	/	/
	大厅	楼 2	内墙 1	/	/	棚 3
三层	教室 301、302	楼 2	内墙 1	/		棚 1
	办公室 303	楼 4	内墙 1	墙裙 1	踢 2	棚 1
	楼梯间	楼 1	内墙 1	/	踢 1	棚 1
	卫生间	楼 3	内墙 2	/	/	棚 2
	走廊	楼 2	内墙 1	/	踢 2	棚 3
	阳台	楼 5	/	/	/	/
	大厅	楼 2	内墙 1	/	/	棚 3
说明：	外墙装饰材料详见立面图；女儿墙内侧面为外墙 2(面层为水泥腻子)					

建施 0 - 4

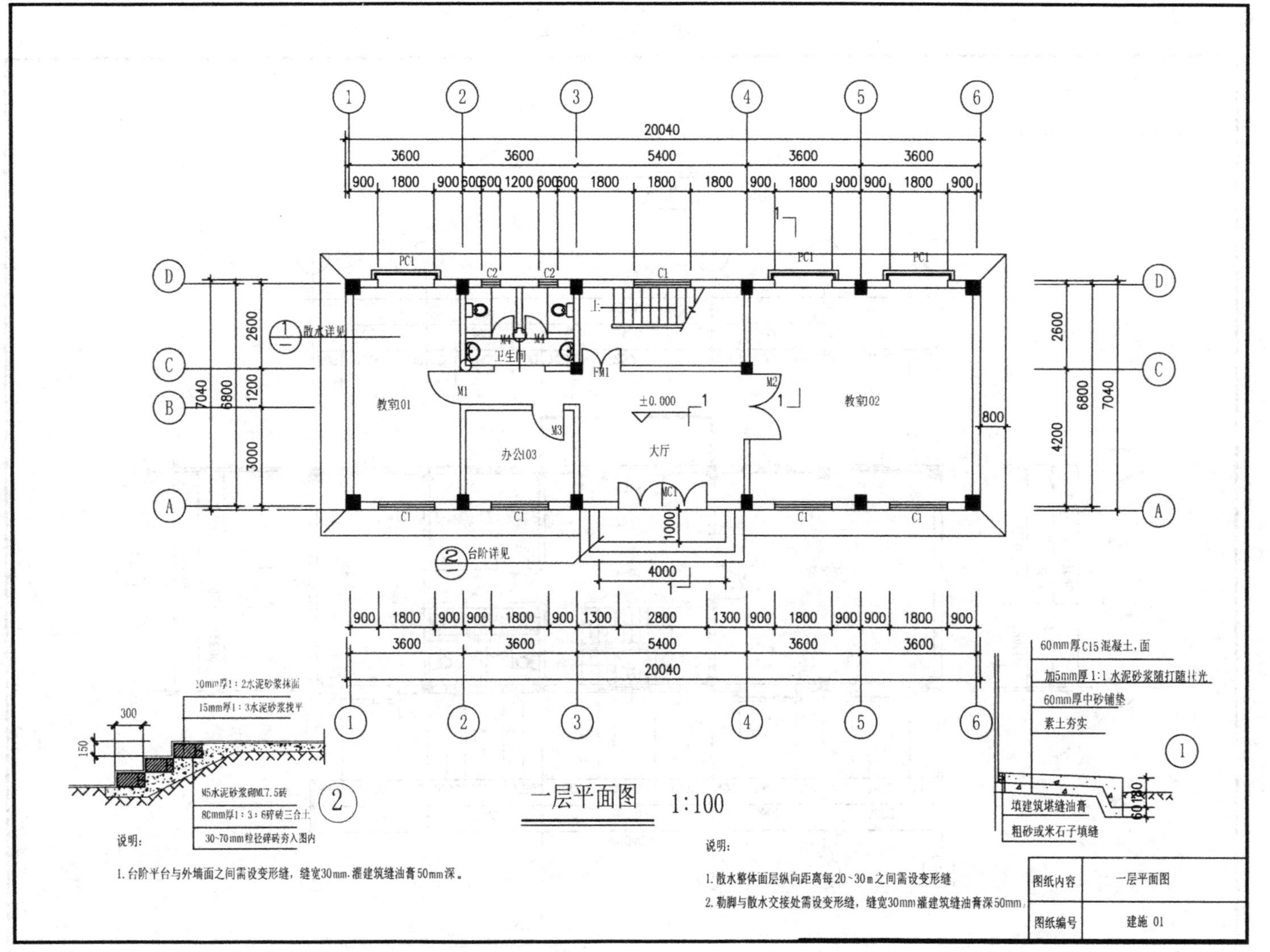
教室01
办公103
卫生间
大厅
±0.000
教室02
散水详见
台阶详见
20040
3600
5400
7040
6800
2600
1200
3000
4200
4000
1000
800
10mm厚1：2水泥砂浆抹面
15mm厚1：3水泥砂浆找平
M5水泥砂浆砌MU7.5砖
80mm厚1：3：6碎砖三合土
30~70mm粒径碎砖夯入围内
60mm厚C15混凝土，面
加5mm厚1:1水泥砂浆随打随抹光
60mm厚中砂铺垫
素土夯实
填建筑堪缝油膏
粗砂或米石子填缝
一层平面图 1:100
说明：
1.台阶平台与外墙面之间需设变形缝，缝宽30mm，灌建筑缝油膏50mm深。
说明：
1.散水整体面层纵向距离每20~30m之间需设变形缝
2.勒脚与散水交接处需设变形缝，缝宽30mm灌建筑缝油膏深50mm。
图纸内容 一层平面图
图纸编号 建施 01

附图1 一层平面图

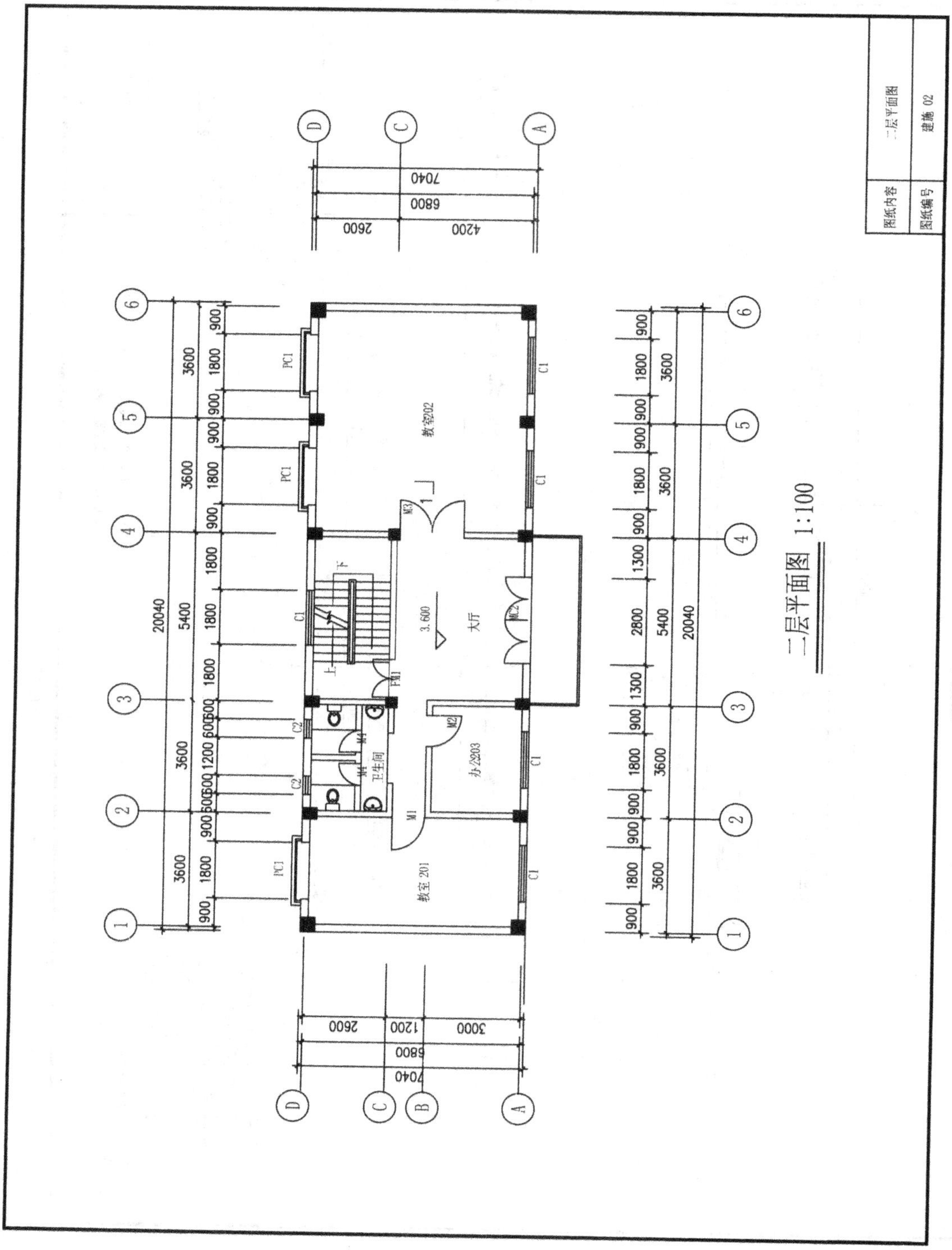

二层平面图 1:100

图纸内容	二层平面图
图纸编号	建施 02

附图 2 二层平面图

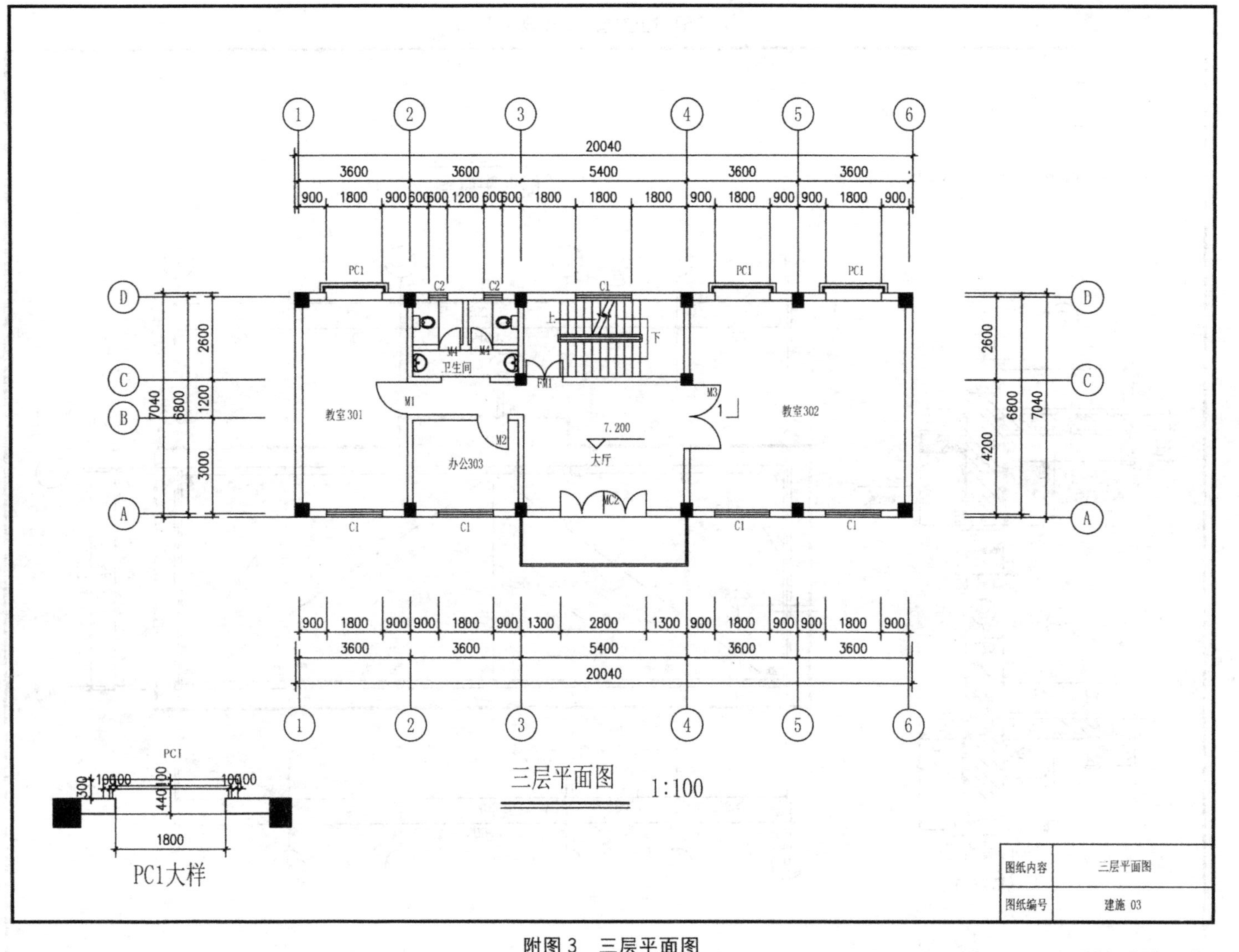
教室301
教室302
办公303
卫生间
大厅
7.200
三层平面图 1:100
PC1大样
图纸内容 三层平面图
图纸编号 建施 03

附图3 三层平面图

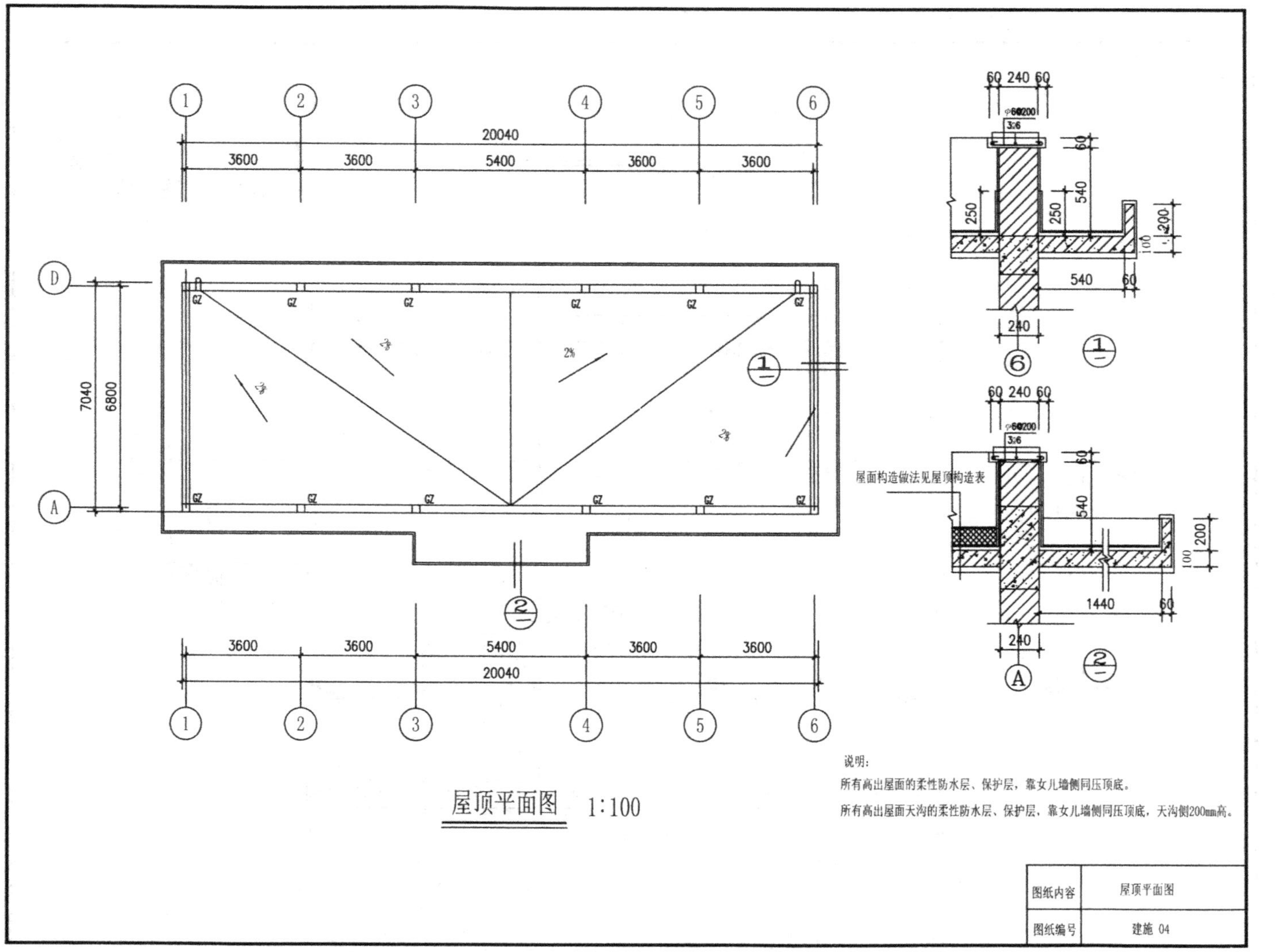
1
2
3
4
5
6
20040
3600
3600
5400
3600
3600
D
A
7040
6800
GZ
2%
60 240 60
φ6@200
3φ6
60
540
250
250
200
100
540
60
240
6
1
60 240 60
φ6@200
3φ6
屋面构造做法见屋顶构造表
60
540
200
100
1440
60
240
A
2
说明:
所有高出屋面的柔性防水层、保护层，靠女儿墙侧同压顶底。
所有高出屋面天沟的柔性防水层、保护层，靠女儿墙侧同压顶底，天沟侧200mm高。
屋顶平面图 1:100
图纸内容
屋顶平面图
图纸编号
建施 04

附图 4 屋顶平面图

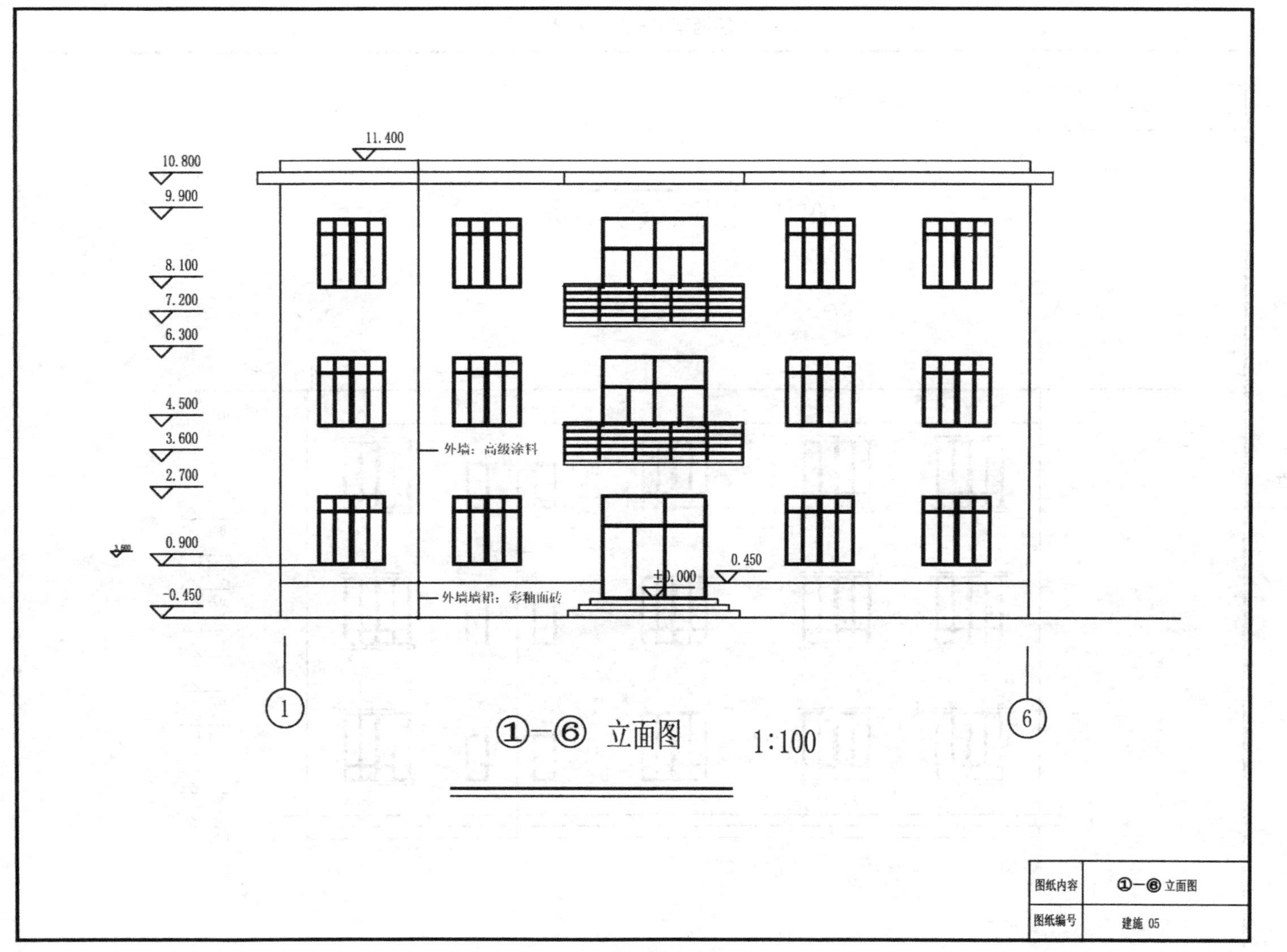

11.400
10.800
9.900
8.100
7.200
6.300
4.500
3.600
2.700
0.900
-0.450
0.450
±0.000
外墙：高级涂料
外墙墙裙：彩釉面砖
1
6
①—⑥ 立面图 1:100
图纸内容 ①—⑥立面图
图纸编号 建施 05

附图5 ①—⑥立面图

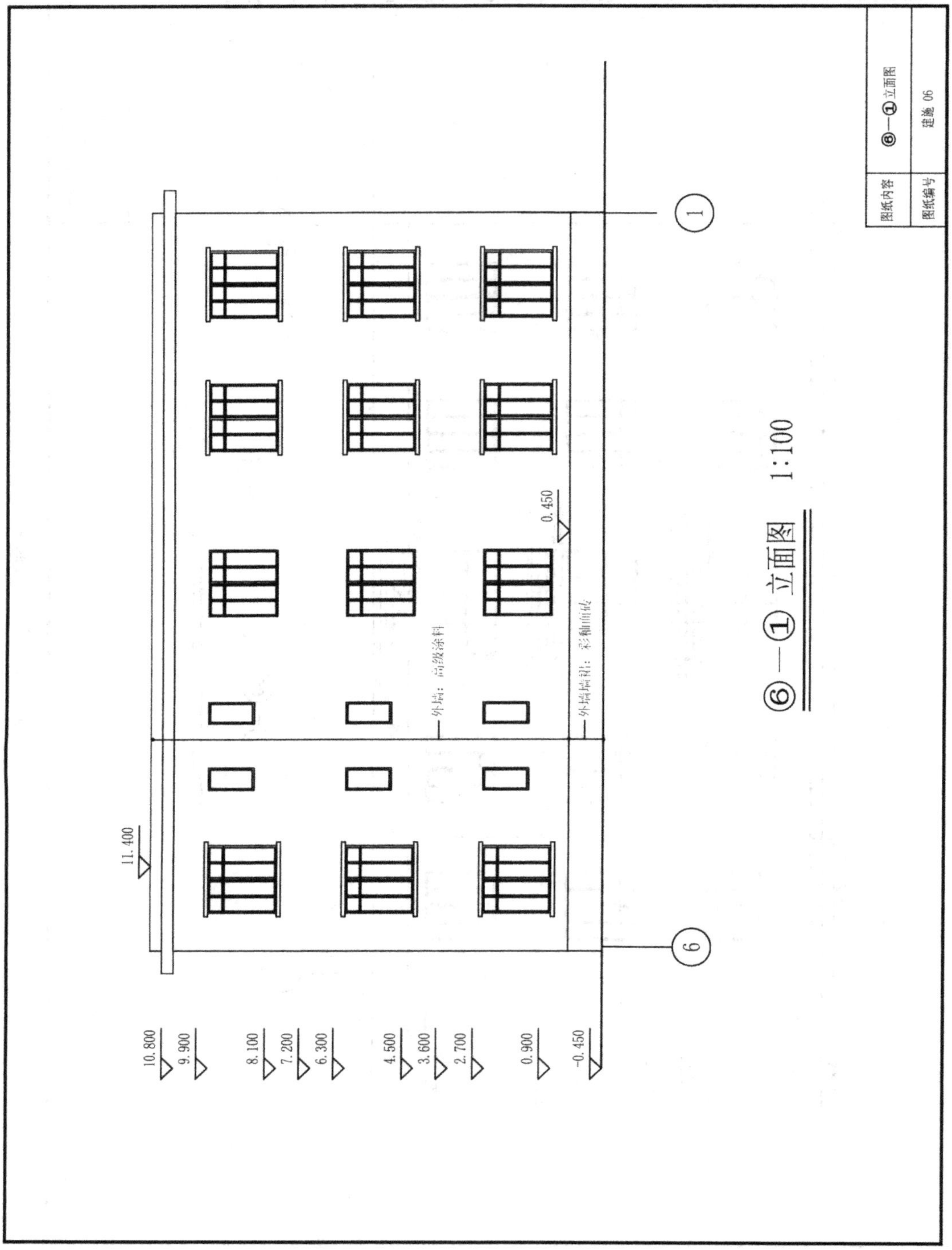

11.400

10.800

9.900

8.100

7.200

6.300

4.500

3.600

2.700

0.900

0.450

-0.450

外墙：高级涂料

外墙墙裙：彩釉面砖

6

1

⑥—① 立面图 1:100

图纸内容	⑥—①立面图
图纸编号	建施 06

附图 6 ⑥—①立面图

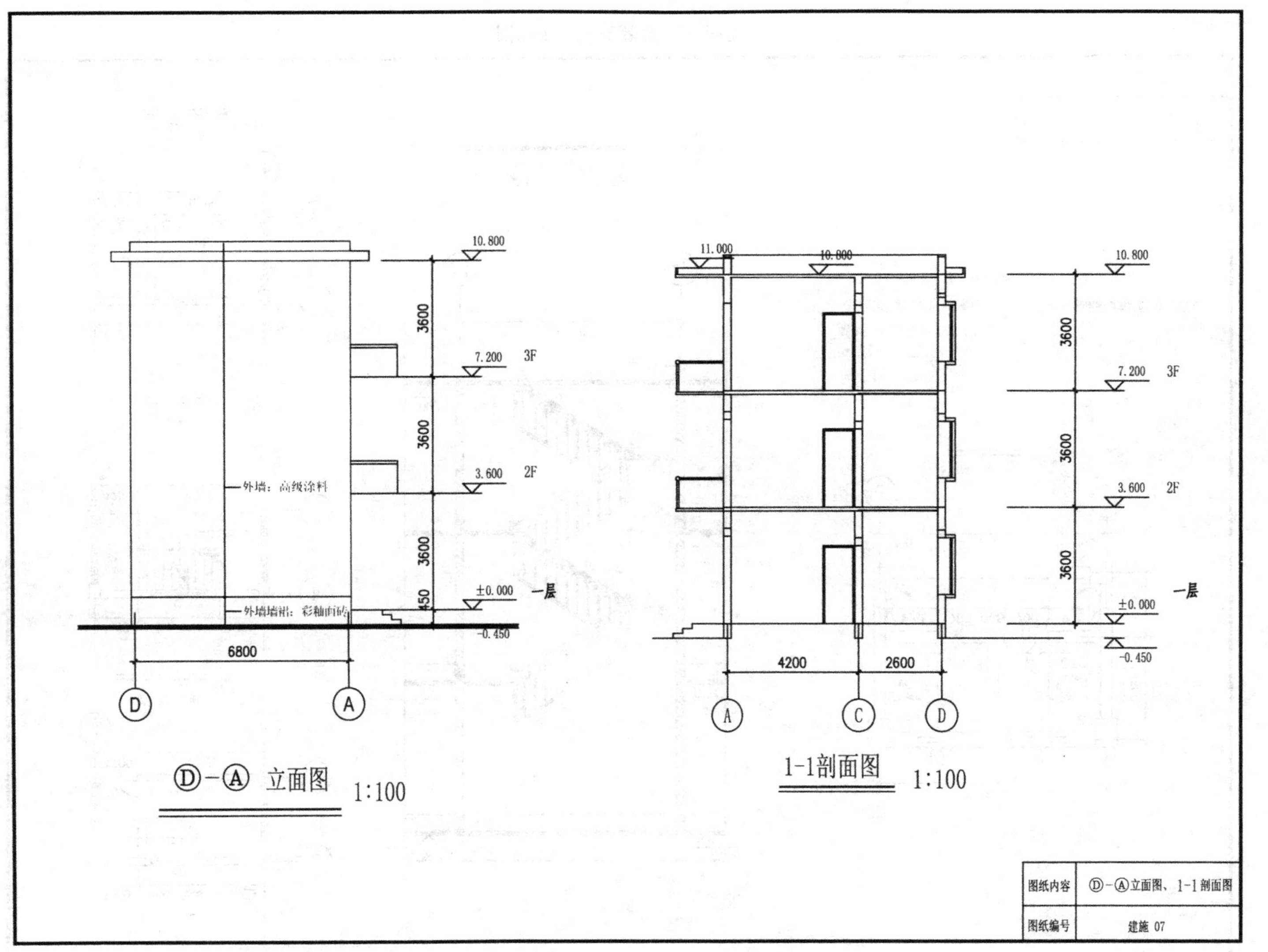

附图 7 Ⓓ—Ⓐ立面图、1—1剖面图

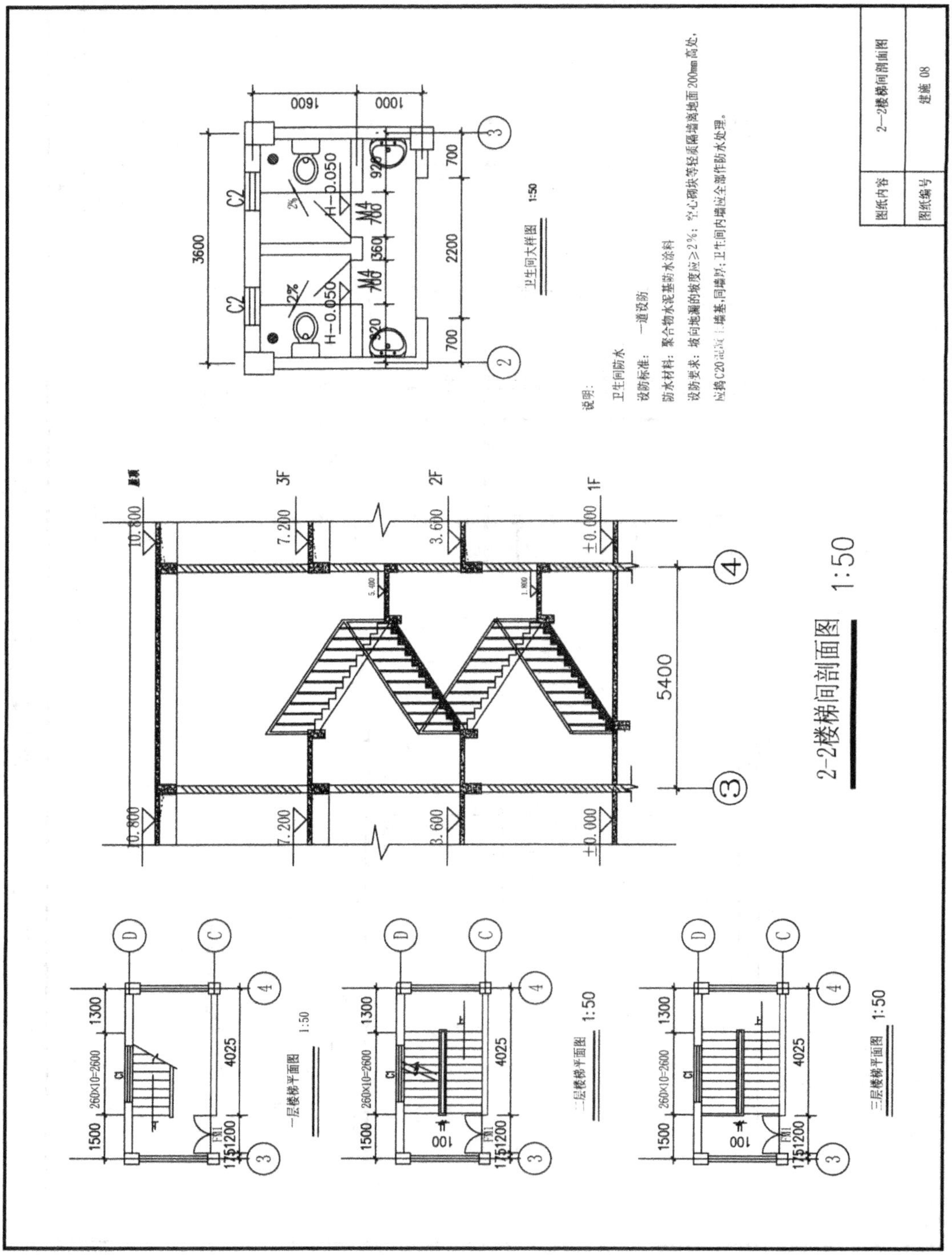

一层楼梯平面图 1:50

1500 260×10=2600 1300 4025 1751200 C1 FM1 D C 3 4

二层楼梯平面图 1:50

1500 260×10=2600 1300 4025 1751200 100 C1 FM1 D C 3 4

三层楼梯平面图 1:50

1500 260×10=2600 1300 4025 1751200 100 C1 FM1 D C 3 4

2-2楼梯间剖面图 1:50

10.800 屋顶 7.200 3F 3.600 2F ±0.000 1F 5.400 1.800 5400 3 4

卫生间大样图 1:50

3600 C2 C2 2% 2% H-0.050 H-0.050 M4 M4 920 700 360 700 920 1600 1000 700 2200 700 2 3

说明：

卫生间防水

设防标准：　一道设防

防水材料：聚合物水泥基防水涂料

设防要求：坡向地漏的坡度应≥2%；空心砌块等轻质隔墙离地面200mm高处，应捣C20混凝土墙基，同墙厚；卫生间内墙应全部作防水处理。

图纸内容	2—2楼梯间剖面图
图纸编号	建施 08

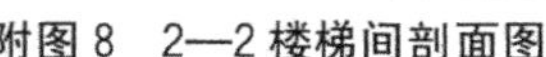

附图8　2—2楼梯间剖面图

附录B　综合楼结构施工图

结施图纸目录

序号	图纸类别	图纸内容
1	结施 0—1	结构设计说明(一)
2	结施 0—2	结构设计说明(二)
3	结施 0—3	结构设计说明(三)
4	结施 0—4	结构设计说明(四)
5	结施 01	桩位平面布置图
6	结施 02	柱定位及配筋图
7	结施 03	基础梁配筋图
8	结施 04	二、三层梁配筋图
9	结施 05	顶层梁配筋图
10	结施 06	二、三层板配筋图
11	结施 07	顶层板配筋图
12	结施 08	楼梯配筋图

结构设计说明（一）

一、设计概要

1.1 建筑物概况：本建筑物为综合楼，地上3层

1.2 结构类型：混凝土框架结构

1.3 图中所注标高均为相对标高。图中标高以米(m)为单位，其余均以毫米(mm)为单位

1.4 抗震设防烈度：7度；结构抗震等级：3级

1.5 基础形式为柱下独立基础

1.6 岩土工程勘察报告：地基土：三类土，干土

1.7 施工图表示方法和构造详图，采用国家标准 11G101-1,2,3 图集

1.8 平面布置图中，除有注明者外，梁、墙、柱均以轴线居中，或梁边与柱、墙边齐；斜梁、弧梁以轴线交点连线为中线；梁长以实际放样尺寸为准

1.9 钢筋直径$d\geq8$的纵向受力钢筋的连接宜采用机械连接，钢筋直径$d<18$采用绑扎连接

二、材料

2.1 钢筋

(1)HPB235 热轧、光圆钢筋 fy=210 N/mm²

(2)HRB335 热轧、带肋钢筋 fy=300 N/mm²

(3)HRB335 热轧、带肋钢筋 fy=360 N/mm²

2.2 焊条：E43(3号钢，用于HPB235钢筋的焊接)；E50(HRB335钢筋的焊接)

2.3 混凝土强度等级除特别注明外，混凝土强度等级均为C25

2.4 砌体材料与强度等级：砌体材料，详建施图

三、地基基础

3.1 本工程采用桩承台基础

3.2 首层120厚隔墙，允许砌筑在加厚的混凝土地坪上，见图1

四、钢筋混凝土

4.1 构件使用环境类别。基础部分为二类a，其他为一类。受力钢筋混凝土保护层厚度，未注明者取下值

位置	楼面屋面梁	楼板	桩、承台	基础梁	柱	楼电梯间混凝土墙	地下室底板
保护层厚度	25	15	70	40	30	15	外50 内20

注：当受力钢筋直径大于混凝土保护层厚度时，取钢筋直径为混凝土保护层厚度

4.2 柱、墙

4.2.1 保证柱、梁节点核心区混凝土强度和密实度≥5MPa。当墙、柱和梁的混凝土强度等级相差时，节点区混凝土按强度等级高的混凝土施工，分界面应在墙、柱外边500mm处，如图2所示

4.2.2 当柱与砌体墙相连时，应沿柱高设拉墙筋 2⌀6@600（砖墙时 2⌀6@500）拉墙筋伸入柱内250mm，伸出柱边L≥700、L≥l/5 及墙长中较大者，或至门窗洞边拉墙筋末端带弯钩，如图3所示

4.2.3 混凝土墙内两层钢筋网之间设拉结筋，除注明者外，拉结筋均为⌀6@600梅花形设置拉结筋应与墙水平筋钩牢

4.3 梁

4.3.1 梁高大于等于650mm时，需加腰筋，做法参国标11G101

4.3.2 当次梁高度大于主梁时，附加筋构造如图11所示

4.3.3 悬挑梁附加钢筋，构造如图12所示

4.4 楼层(屋面)板

4.4.1 板中分布钢筋除注明外，上下层分布筋均为⌀6@200

4.4.2 板配筋图中所注支座钢筋长度均从梁边算起如图4所示，板支座钢筋的锚固，如图5所示

4.4.3 板内预埋管要放在上、下层钢筋网之间若埋管处上面无钢筋时，则沿管长方向加设⌀6@150的钢筋网，如图6所示

4.4.4 板面钢筋要保证正确位置，不能塌落。在挑板的阳角处设放射筋，如图7所示

4.4.5 板上预留洞口

(1) 洞口尺寸小于300mm时，钢筋不切断，绕洞口通过

(2) 300mm<洞口尺寸<800mm时，按图13设加强筋

(3) 洞口>800mm时，按图8设边梁

4.5 其他

· 对于配有双面钢筋的构件(如墙，板等)除注明外，均应加支撑钢筋或联系钢筋，对于板可用⎍形，对于墙可用⌒形，间距宜按@600梅花形设置，直径、刚度按施工设备，运输条件，施工方法决定，以保证两层钢筋网的间距和位置

图纸内容	结构设计说明(一)
图纸编号	结施 0-1

结构设计说明（二）

五、砌体、圈梁、过梁、构造柱的要求

5.1 本工程砌体结构施工质量控制等级为B级

5.2 填充墙应在主体结构施工完毕后，由上而下逐层砌筑，防止下层梁承受上层梁以上的荷载；楼梯间和人流通道的填充墙，应采用钢丝网砂浆面层加强；填充墙平面位置以建筑图为准

5.3 填充墙砌至梁板附近时，应待砌体沉实后，用斜砌法将下部砌体与上部梁板间用砌块逐块敲紧填实。墙顶与梁或楼板应按《砌体填充墙结构构造》(06SG614-1)第21页大样拉结

5.4 砌体填充墙与混凝土墙、柱（含构造柱）相连处，应沿墙、柱全高每隔500~600mm（同时应符合砌块模数要求）设2ϕ6拉结筋，拉结筋伸入砌体填充墙内长度：抗震设防烈度为6、7度时宜沿墙1000mm；抗震设防烈度为8、9度时应沿墙全长贯通

5.5 构造柱设置原则（图中已布置者以图中布置者为准）

对于所有砌体砌筑的外围护墙、填充墙及女儿墙，在墙体的转角、纵横墙交接处及自由端、洞口宽度大于2m的洞口两侧均需设置钢筋混凝土构造柱；同一片墙上的相邻构造柱间距不应大于4m，否则应增设构造柱（遇门窗洞口可适当调整）。柱截面尺寸设置如图9所示，纵筋4Φ10箍筋ϕ6@200（主体结构施工时，应在所设构造柱的上端、下端位置预埋4ϕ12插筋，插筋与构造柱纵筋搭接不少于450mm。在柱顶、柱脚500mm范围内箍筋间距加密为100mm）。构造柱须先砌墙后浇柱，砌墙时墙与构造柱连接处要砌成马牙槎。构造柱的做法参照《砌体填充墙结构构造》(06SG614-1)

5.6 圈梁设置原则（图中已布置者以图中布置者为准）

对于所有砌体砌筑的外围护墙窗台底（窗宽>1500mm）、填充墙及女儿墙，当墙高超过4m（墙厚≥200mm）或3m（墙厚<200mm）时，在墙体半高或门窗及设备洞顶处及女儿墙墙顶设置与混凝土墙柱连接且沿墙全长贯通的钢筋混凝土水平圈梁。圈梁截面：墙宽x180，纵筋上下2ϕ10，纵筋箍筋ϕ6@200（主体结构施工时，应在圈梁的两端位置预埋4ϕ12插筋，插筋与圈梁纵筋搭接不少于450mm。在圈梁两端600mm范围内箍筋间距加密为100mm）。圈梁转角处钢筋搭接见图10，圈梁做法参照06SG614-1

5.7 过梁设置原则（图中已布置者以图中布置者为准）

5.7.1 填充墙上的门窗过梁和筒体墙上门洞过梁除已有详图注明外，断面及配筋均按图13及过梁断面及配筋表选用，过梁用C25混凝土，位置及过梁底标高见有关建施图纸。表中过梁荷重仅考虑Lo/3高度墙体自重，当超过或梁上作用有其他荷载时另详

5.7.2 当门窗及设备孔洞洞顶距钢筋混凝土梁梁底间距小于过梁梁高时，则改在钢筋混凝土梁下直接挂板，其做法详见图14所示。

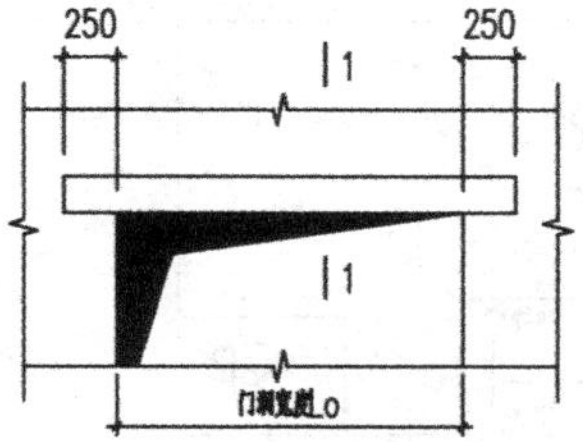

图13 过梁大样 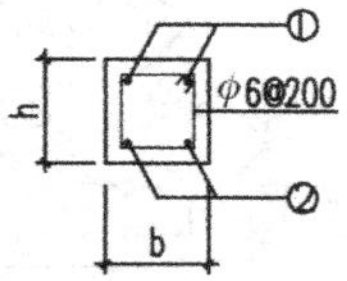　　1-1

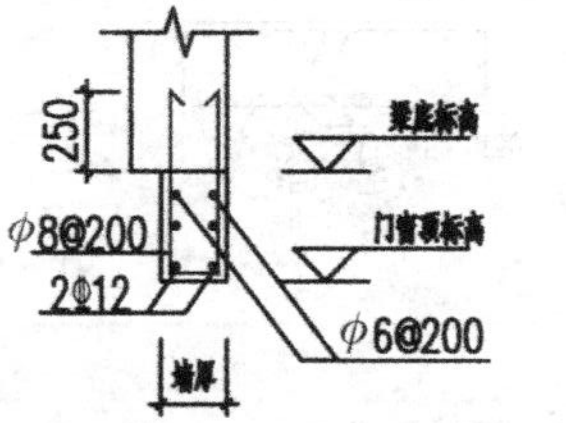

图14 梁底挂板兼做过梁的做法

过梁断面及配筋表

墙厚bxh	La≤1200		1200<La≤2400		2400<La≤4000		4000<La≤5000	
	bx120		bx180		bx300		bx400	
配筋 / 墙厚	①	②	①	②	①	②	①	②
b=100	2ϕ10	2Φ14	2Φ12	2Φ16	2Φ14	2Φ18	2Φ16	2Φ20
100<b<240	2ϕ10	3Φ12	2Φ12	3Φ14	2Φ14	3Φ16	2Φ16	2Φ20
b=240	2ϕ10	3Φ12	2Φ12	4Φ14	2Φ14	4Φ16	2Φ16	2Φ20

图纸内容	结构设计说明(二)
图纸编号	结施 0-2

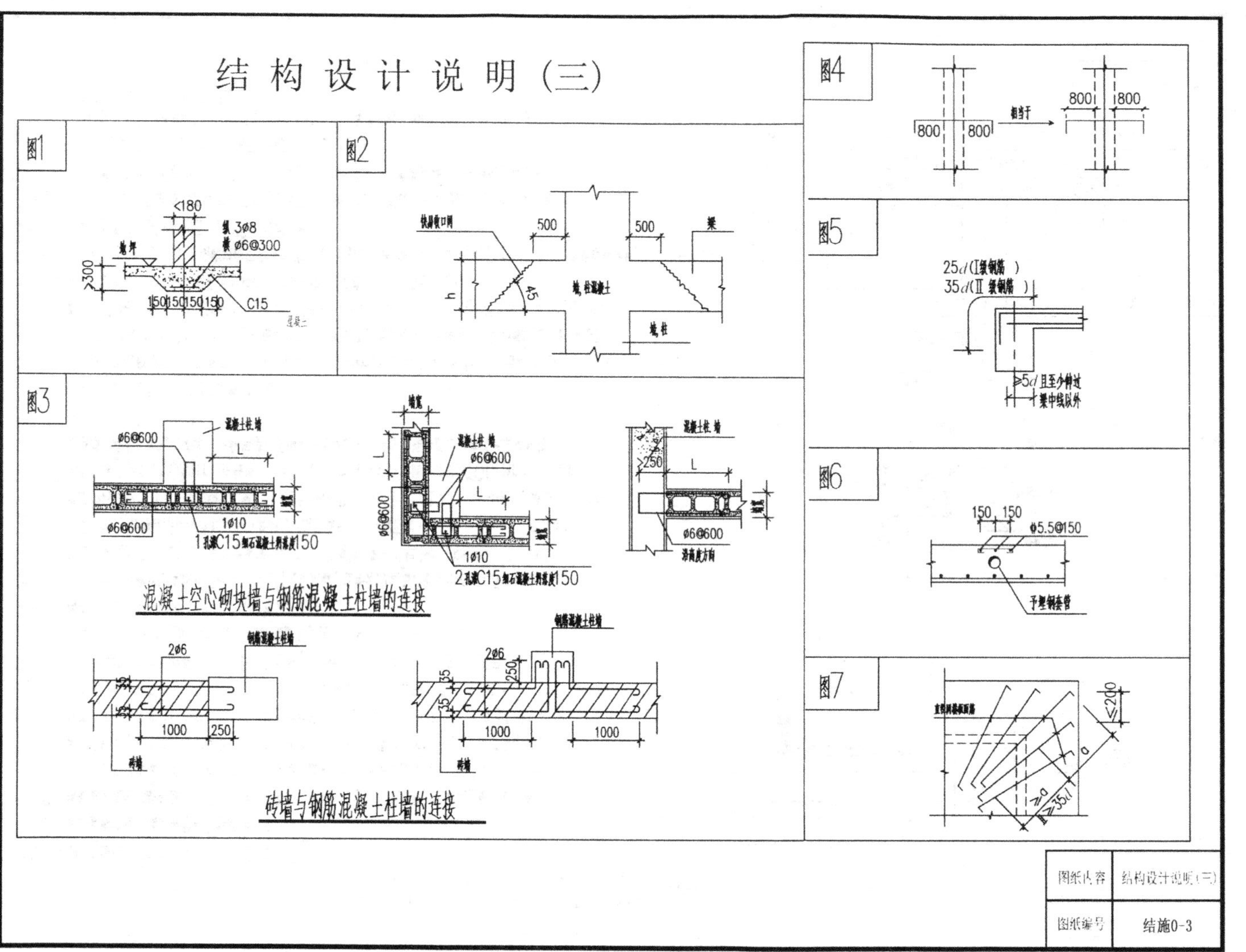
结构设计说明(三)
图1
<180
纵 3φ8
横 φ6@300
>300
150 150 150 150
C15
图2
500
500
h
45
图3
φ6@600
L
1φ10
1孔灌C15细石混凝土贯通高度150
2孔灌C15细石混凝土贯通高度150
250
混凝土空心砌块墙与钢筋混凝土柱墙的连接
2φ6
钢筋混凝土柱墙
35
1000
250
砖墙
砖墙与钢筋混凝土柱墙的连接
图4
800
相当于
图5
25d(Ⅰ级钢筋)
35d(Ⅱ级钢筋)
≥5d且至少伸过梁中线以外
图6
150 150
φ5.5@150
预埋钢套管
图7
≤200
d
≥35d
图纸内容
结构设计说明(三)
图纸编号
结施0-3

附图9 结构设计说明(三)

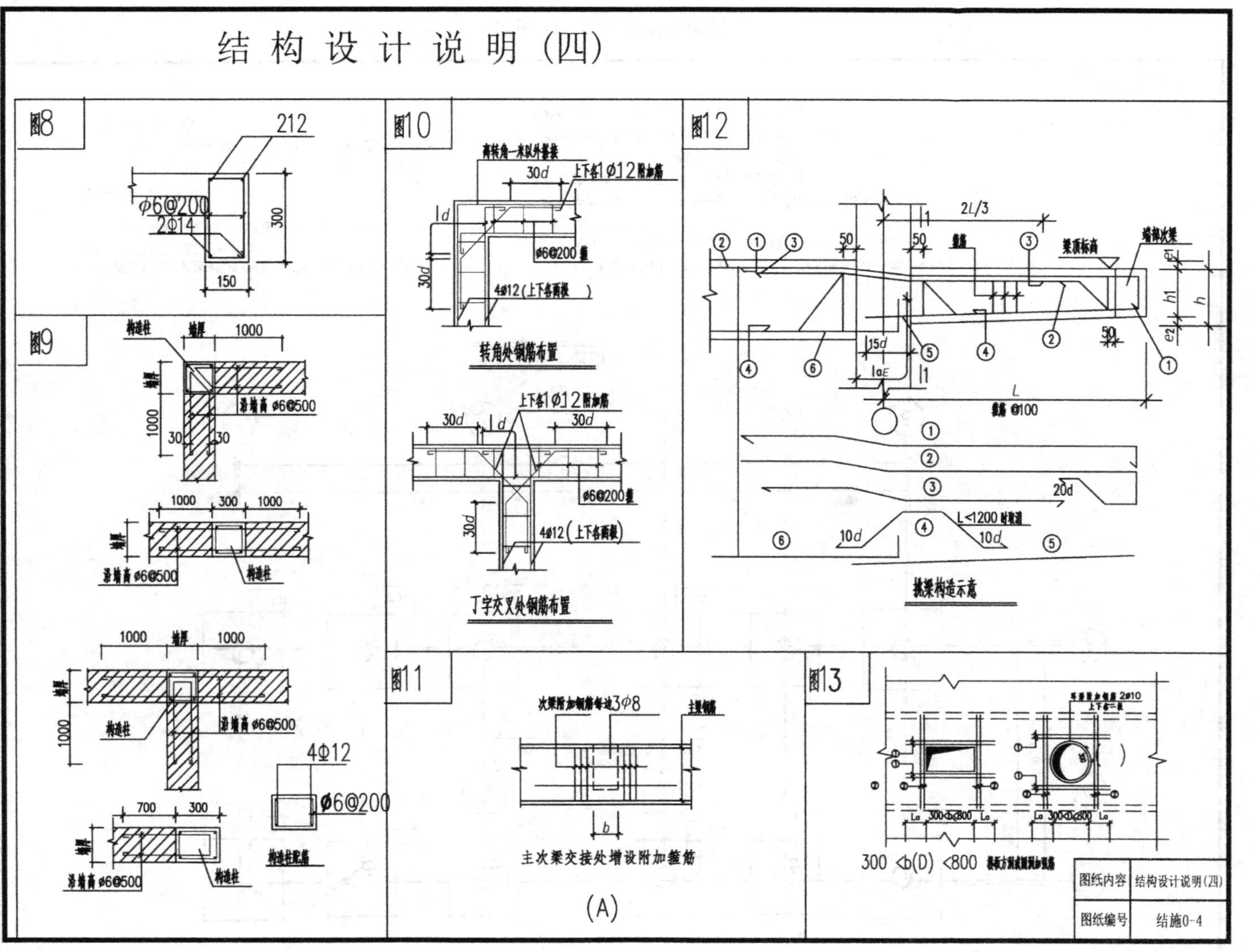

附图 10 结构设计说明(四)

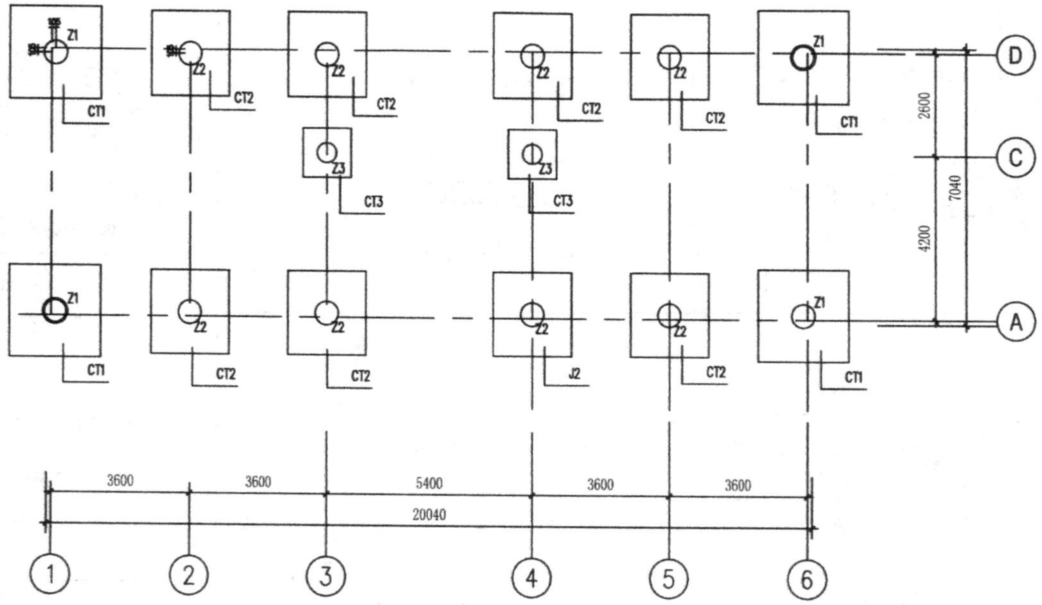

桩位布置平面图 1:100

桩基说明：

1. 本工程桩基础设计依据深圳市工程勘察有限公司《深圳市南山区综合楼岩土工程勘察报告》设计。
桩基持力层为强风化变质砂岩，桩端进入持力层深度不小于1m；暂定桩长不小于20m。
2. 本工程桩基础设计等级为丙级，安全等级为二级。桩采用AB型PHC管桩；十字型桩尖；静压法施工。桩在施工前应进行试压，以确定终压标准（实际施工时，根据终压标准确定实际桩长）。桩施工完后，应根据验收标准进行桩基检测。
3. CT1、CT2 桩管径⌀600桩（壁厚95mm），CT3桩管径⌀400桩（壁厚95mm）单桩承载力特征值为1200kN。
4. 桩基施工应严格执行《预应力管桩基础技术规程》（DBJ/T 15-22-99）。
发现问题应及时通知设计人员。
5. 桩承台混凝土强度等级C30，垫层混凝土C15，垫层厚100mm。周边各伸出100mm 。
6. 钢筋的混凝土保护层厚度：承台为50mm，柱为30mm。
7. 桩顶嵌入承台内100mm，桩内钢筋锚入承台的长度为800mm。
8. 基础定位以承台中心和柱中心重合为准；基础回填土应压实，密实度要求不小于0.94。
9. 除本图注明外，柱截面类型、尺寸、柱插筋同底层柱。

图纸内容	桩位布置平面图
图纸编号	结施01

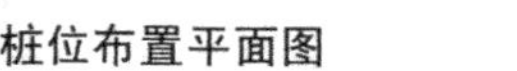
附图 11 桩位布置平面图

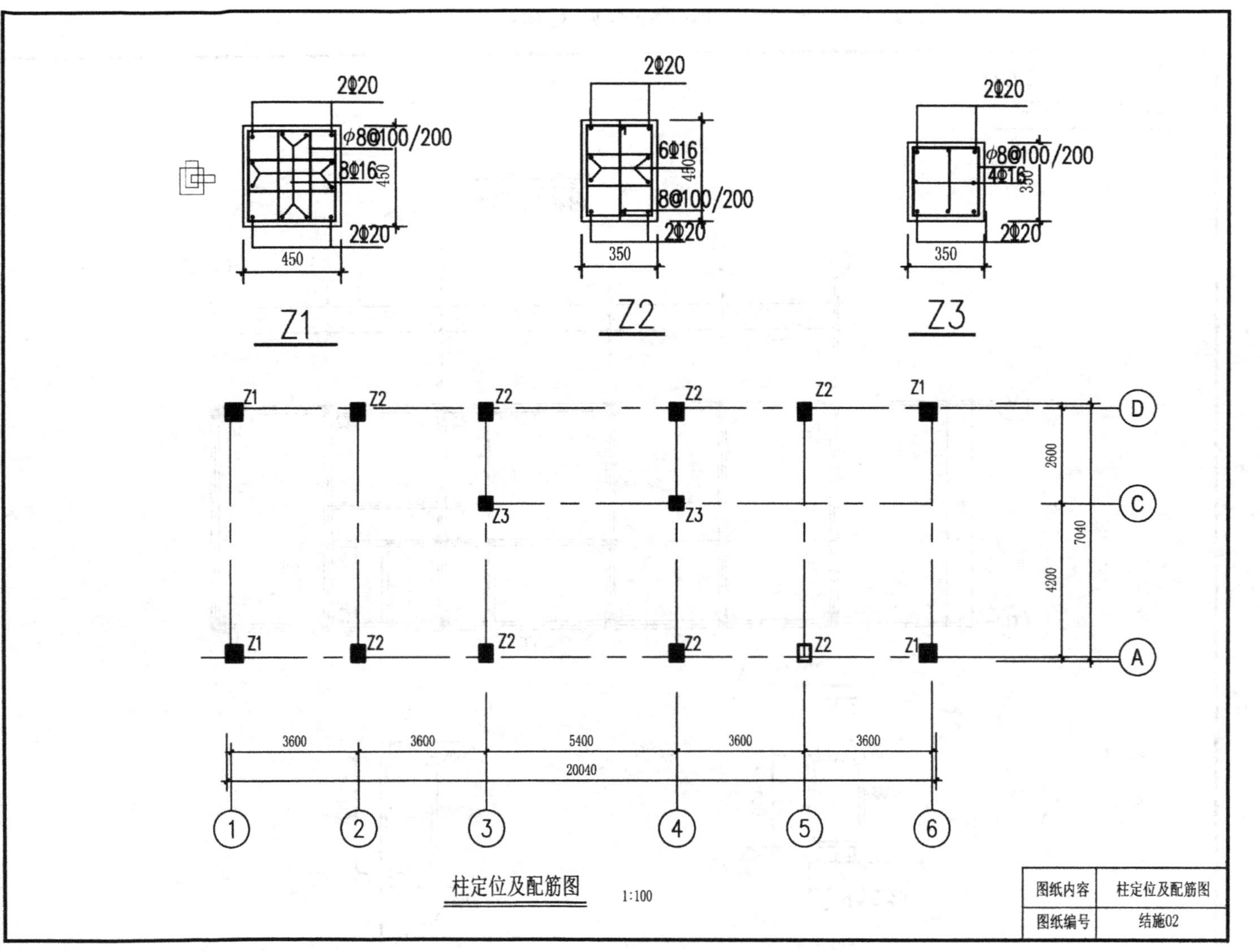

附图 12 柱定位及配筋图

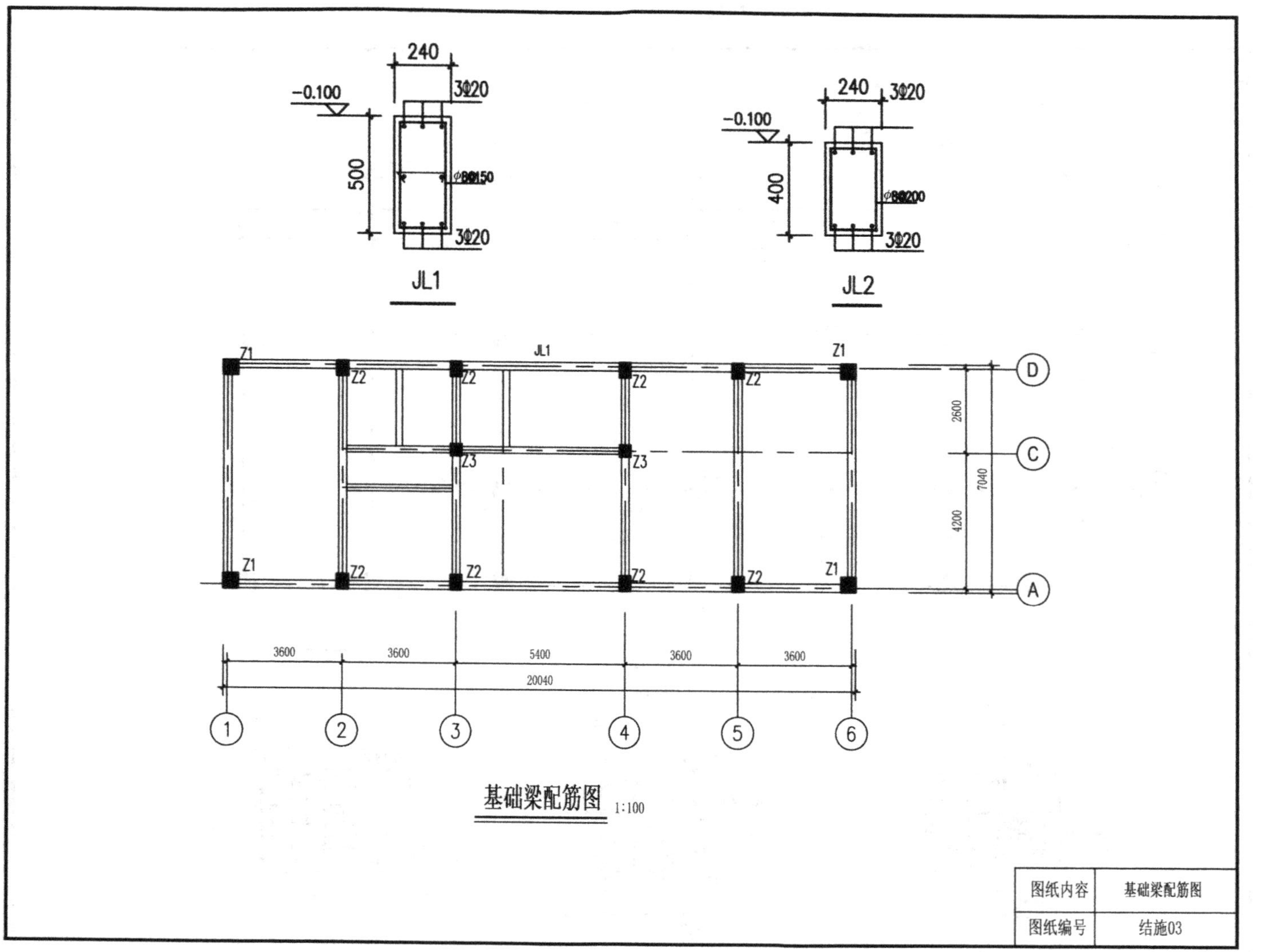
240
-0.100
3Φ20
500
3Φ20
JL1
240
3Φ20
-0.100
400
3Φ20
JL2
JL1
Z1
Z2
Z3
D
C
A
2600
4200
7040
3600
3600
5400
3600
3600
20040
1
2
3
4
5
6
基础梁配筋图
1:100
图纸内容
基础梁配筋图
图纸编号
结施03

附图 13　基础梁配筋图

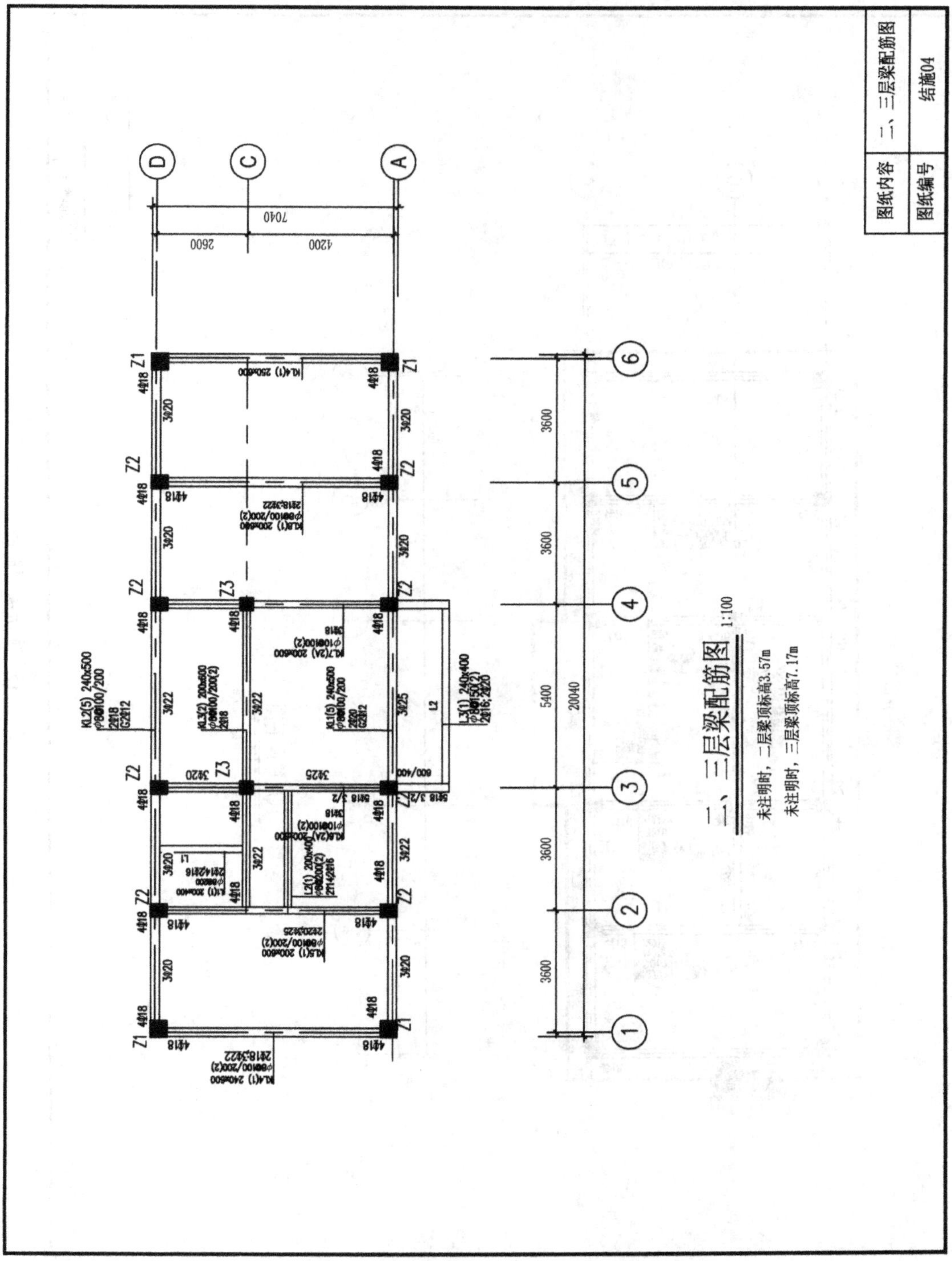
图纸内容
二、三层梁配筋图
图纸编号
结施04
二、三层梁配筋图 1:100
未注明时，二层梁顶标高3.57m
未注明时，三层梁顶标高7.17m
7040
2600
4200
3600
3600
5400
3600
3600
20040

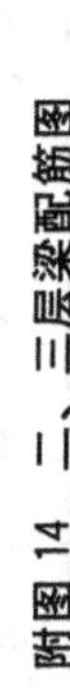

附图 14 二、三层梁配筋图

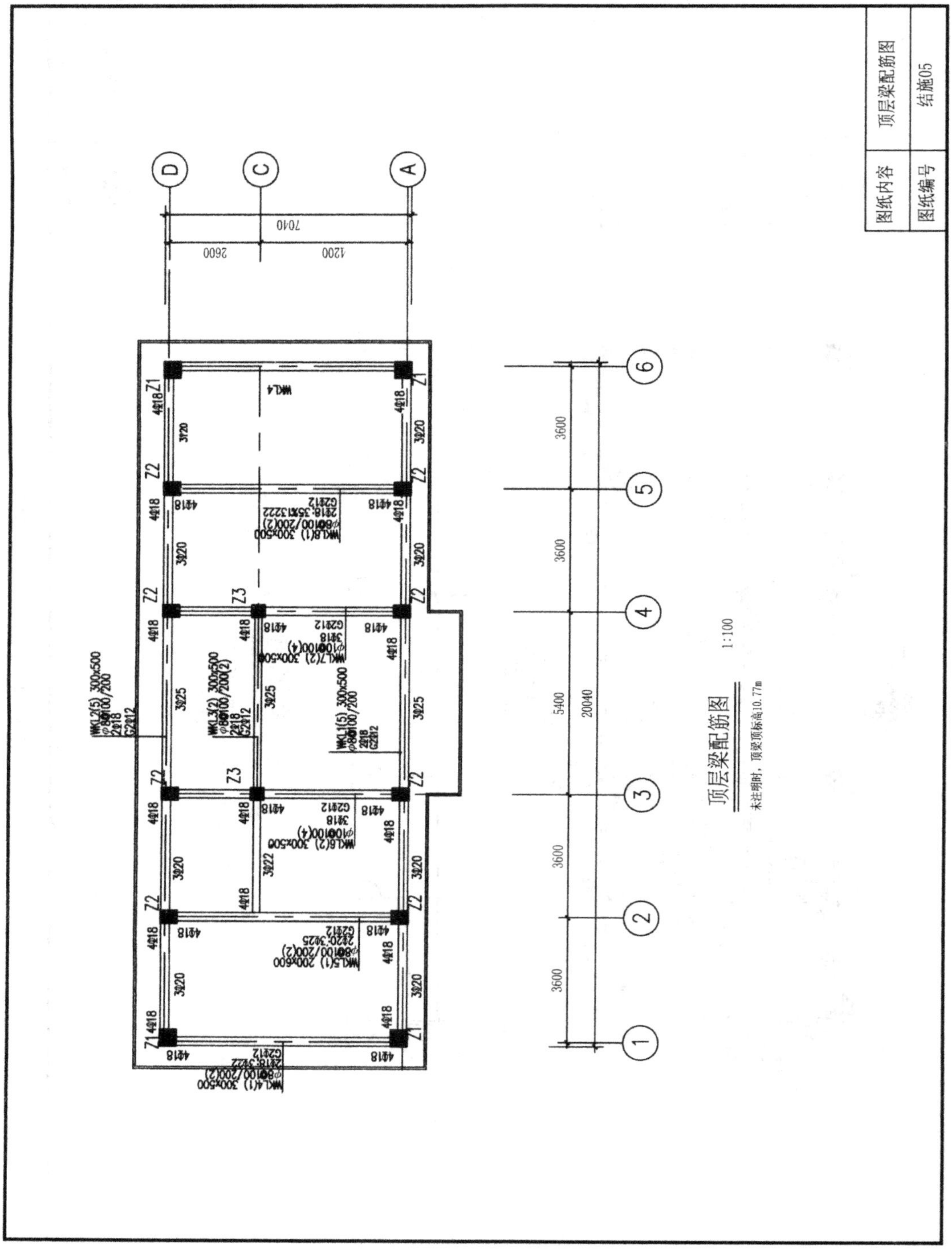

顶层梁配筋图 1:100

未注明时，顶梁顶标高10.77m

图纸内容	顶层梁配筋图
图纸编号	结施05

附图 15 顶层梁配筋图

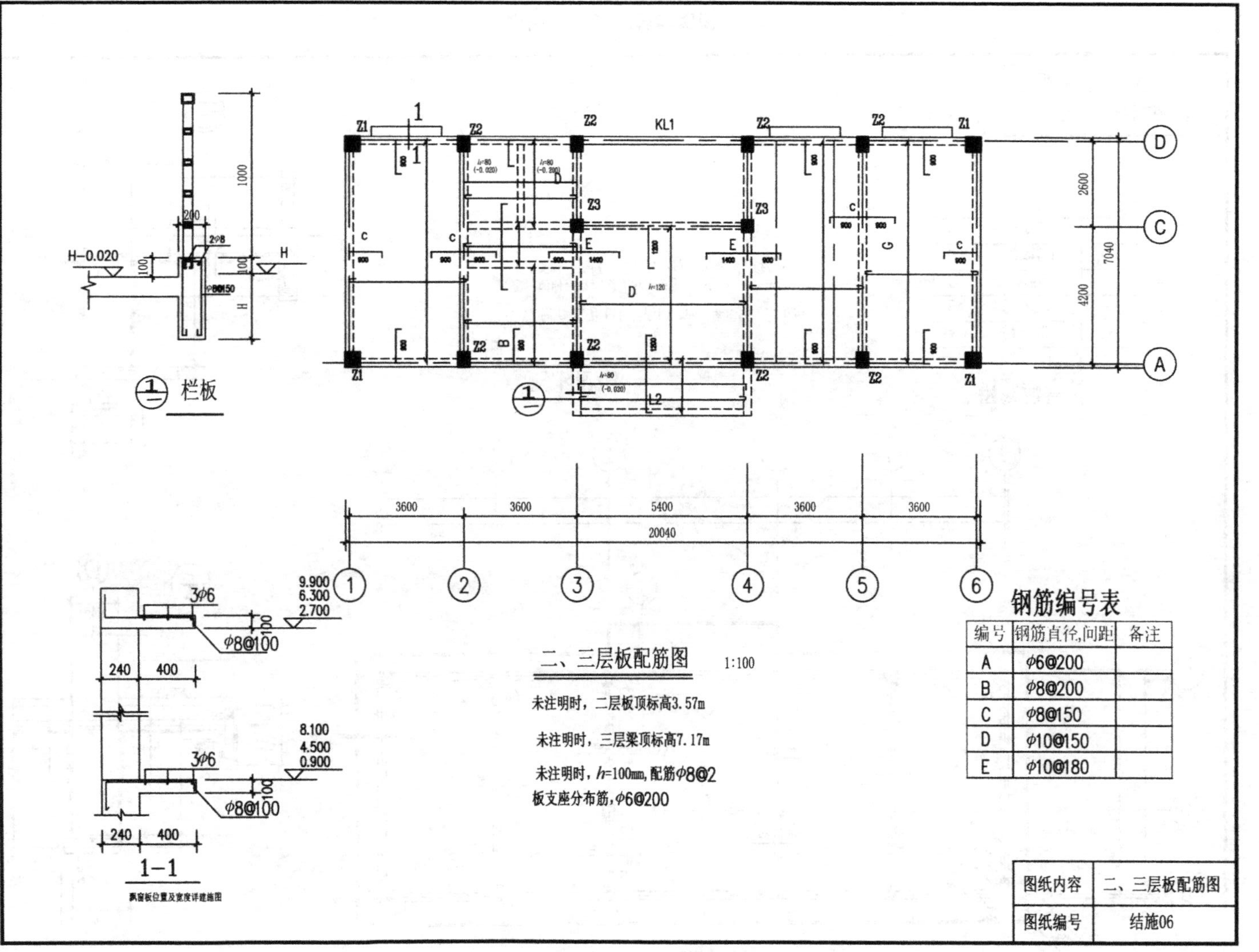

编号	钢筋直径,间距	备注
A	φ6@200	
B	φ8@200	
C	φ8@150	
D	φ10@150	
E	φ10@180	

附图 16 二、三层板配筋图

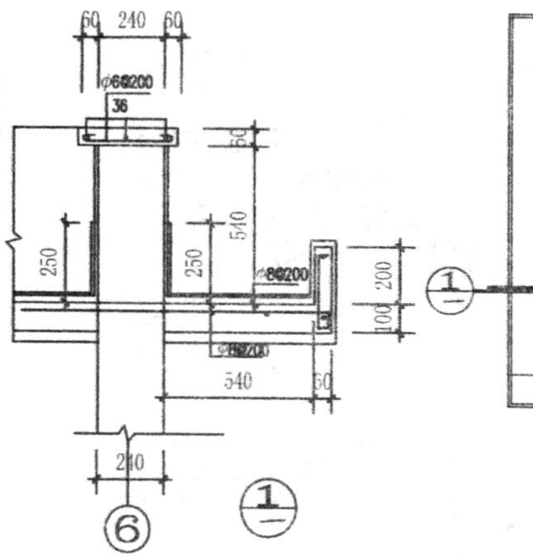

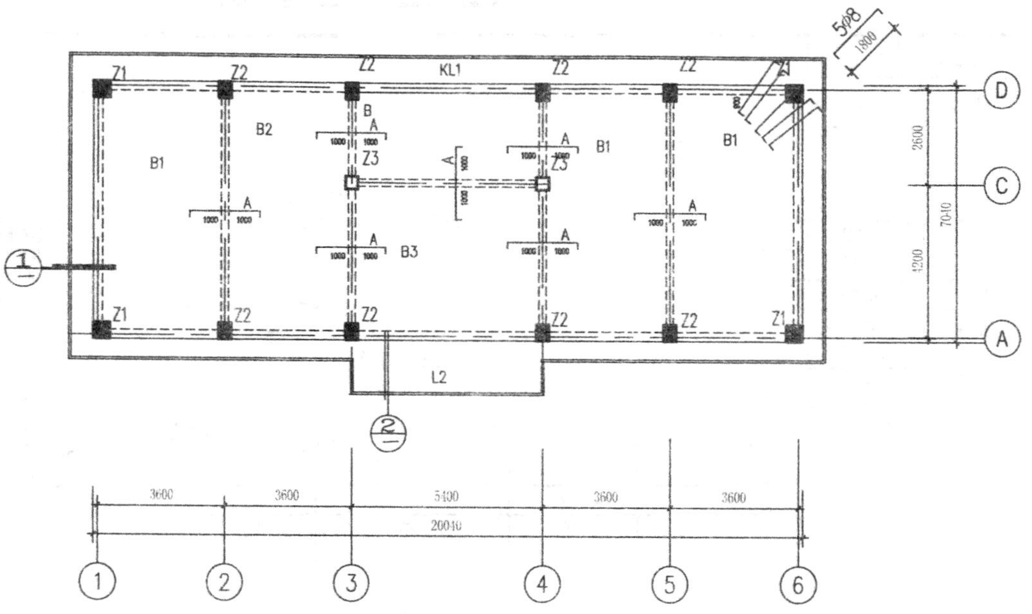

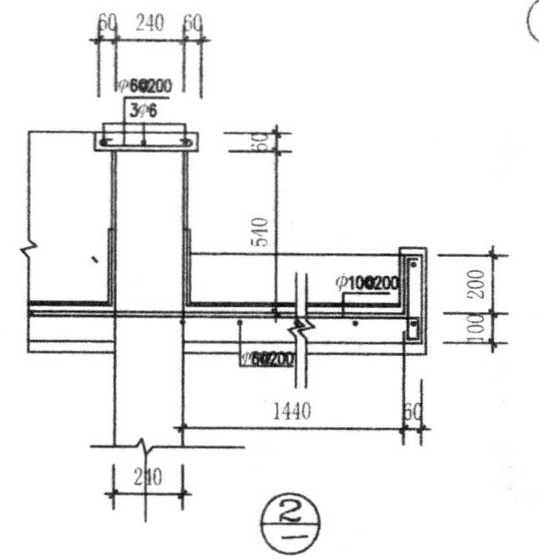

顶层板配筋图 1:100

说明：

1. 未注明时，二层板顶标高10.77m，梁顶标高11.02m
2. 未注明时，板筋双层双向φ8@150
3. 未注明时，板厚120mm，板支座附加筋，φ6@400

钢筋编号表

编号	钢筋直径,间距	备注
A	φ6@400	
B	φ8@200	
C	φ8@150	
D	φ10@150	
E	φ10@180	

图纸内容	顶层板配筋图
图纸编号	结施07

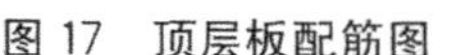

附图 17 顶层板配筋图

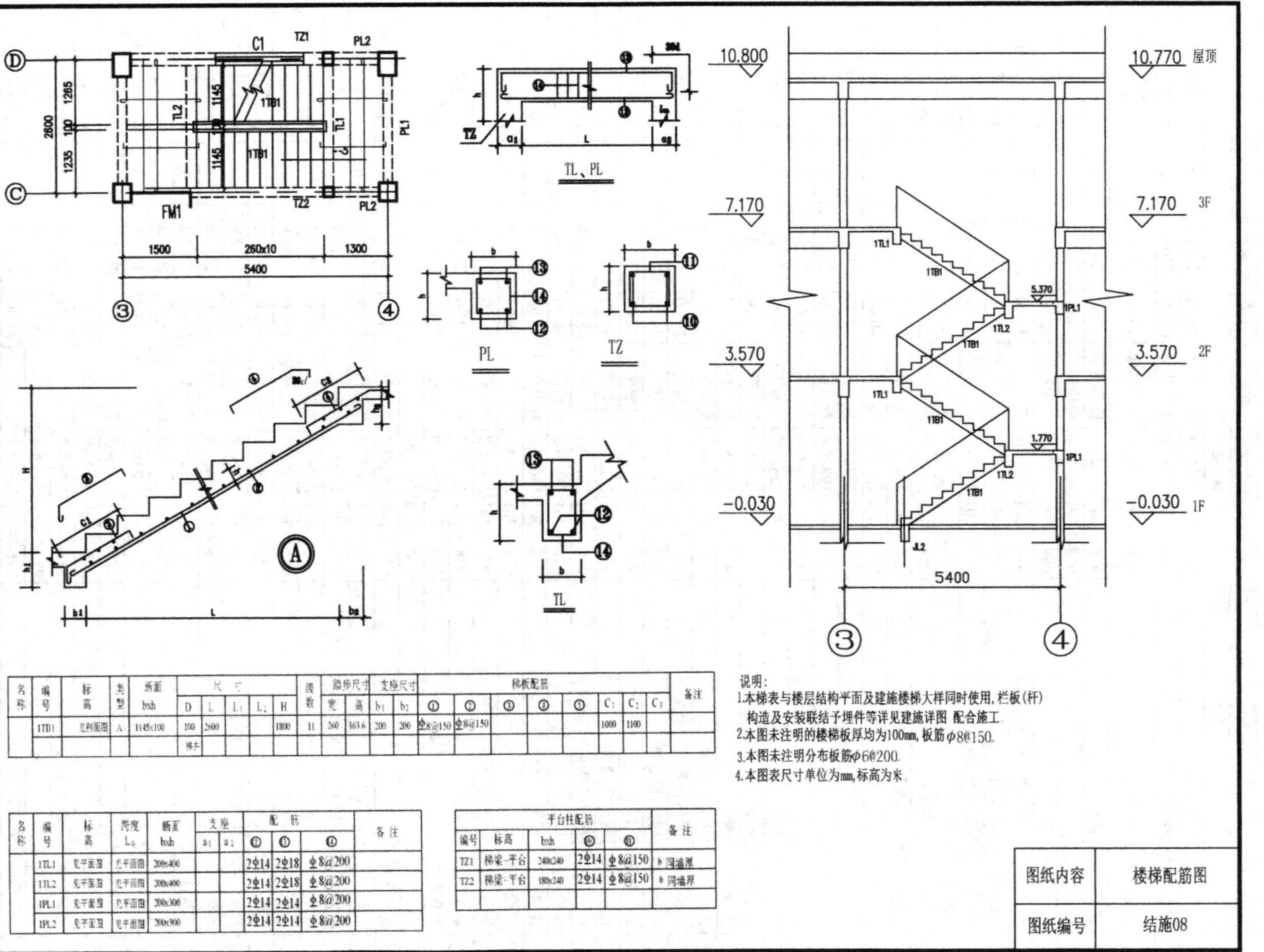

名称	编号	标高	类型	断面 bxh	尺寸 D	L	L_1	L_2	H	级数	踏步尺寸 宽	高	支座尺寸 b_1	b_2	梯板配筋 ①	②	③	④	⑤	C_1	C_2	C_3	备注
	1TB1	见剖面图	A	1145x100	100	2600			1800	11	260	163.6	200	200	φ8@150	φ8@150				1000	1100		
					梯井																		

说明：

1.本梯表与楼层结构平面及建施楼梯大样同时使用,栏板(杆)构造及安装联结予埋件等详见建施详图 配合施工。

2.本图未注明的楼梯板厚均为100mm, 板筋φ8@150。

3.本图未注明分布板筋φ6@200。

4.本图表尺寸单位为mm,标高为米。

名称	编号	标高	跨度 L_0	断面 bxh	支座 a_1	a_2	配筋 ⑫	⑬	⑭	备注
	1TL1	见平面图	见平面图	200x400			2φ14	2φ18	φ8@200	
	1TL2	见平面图	见平面图	200x400			2φ14	2φ18	φ8@200	
	1PL1	见平面图	见平面图	200x300			2φ14	2φ14	φ8@200	
	1PL2	见平面图	见平面图	200x300			2φ14	2φ14	φ8@200	

编号	标高	平台柱配筋 bxh	⑩	⑪	备注
TZ1	梯梁~平台	240x240	2φ14	φ8@150	b 同墙厚
TZ2	梯梁~平台	180x240	2φ14	φ8@150	b 同墙厚

图纸内容	楼梯配筋图
图纸编号	结施08

附图 18 楼梯配筋图

北京大学出版社高职高专土建系列规划教材

序号	书名	书号	编著者	定价	出版时间	印次	配套情况
		基础课程					
1	工程建设法律与制度	978-7-301-14158-8	唐茂华	26.00	2012.7	6	ppt/pdf
2	建设法规及相关知识	978-7-301-22748-0	唐茂华等	34.00	2014.9	2	ppt/pdf
3	建设工程法规(第2版)	978-7-301-24493-7	皇甫婧琪	40.00	2014.12	2	ppt/pdf/答案/素材
4	建筑工程法规实务	978-7-301-19321-1	杨陈慧等	43.00	2012.1	4	ppt/pdf
5	建筑法规	978-7-301-19371-6	董伟等	39.00	2013.1	4	ppt/pdf
6	建设工程法规	978-7-301-20912-7	王先恕	32.00	2012.7	3	ppt/ pdf
7	AutoCAD 建筑制图教程(第2版)	978-7-301-21095-6	郭　慧	38.00	2014.12	6	ppt/pdf/素材
8	AutoCAD 建筑绘图教程(第2版)	978-7-301-24540-8	唐英敏等	44.00	2014.7	1	ppt/pdf
9	建筑 CAD 项目教程(2010 版)	978-7-301-20979-0	郭　慧	38.00	2012.9	2	pdf/素材
10	建筑工程专业英语	978-7-301-15376-5	吴承霞	20.00	2013.8	8	ppt/pdf
11	建筑工程专业英语	978-7-301-20003-2	韩薇等	24.00	2014.7	2	ppt/ pdf
12	★建筑工程应用文写作(第2版)	978-7-301-24480-7	赵立等	50.00	2014.7	1	ppt/pdf
13	建筑识图与构造(第2版)	978-7-301-23774-8	郑贵超	40.00	2014.12	2	ppt/pdf/答案
14	建筑构造	978-7-301-21267-7	肖　芳	34.00	2014.12	4	ppt/ pdf
15	房屋建筑构造	978-7-301-19883-4	李少红	26.00	2012.1	4	ppt/pdf
16	建筑识图	978-7-301-21893-8	邓志勇等	35.00	2013.1	2	ppt/ pdf
17	建筑识图与房屋构造	978-7-301-22860-9	贠禄等	54.00	2015.1	2	ppt/pdf /答案
18	建筑构造与设计	978-7-301-23506-5	陈玉萍	38.00	2014.1	1	ppt/pdf /答案
19	房屋建筑构造	978-7-301-23588-1	李元玲等	45.00	2014.1	2	ppt/pdf
20	建筑构造与施工图识读	978-7-301-24470-8	南学平	52.00	2014.8	1	ppt/pdf
21	建筑工程制图与识图(第2版)	978-7-301-24408-1	白丽红	29.00	2014.7	1	ppt/pdf
22	建筑制图习题集(第2版)	978-7-301-24571-2	白丽红	25.00	2014.8	1	pdf
23	建筑制图(第2版)	978-7-301-21146-5	高丽荣	32.00	2015.4	5	ppt/pdf
24	建筑制图习题集(第2版)	978-7-301-21288-2	高丽荣	28.00	2014.12	5	pdf
25	建筑工程制图(第2版)(附习题册)	978-7-301-21120-5	肖明和	48.00	2012.8	3	ppt/pdf
26	建筑制图与识图	978-7-301-18806-2	曹雪梅	36.00	2014.9	1	ppt/pdf
27	建筑制图与识图习题册	978-7-301-18652-7	曹雪梅等	30.00	2012.4	4	pdf
28	建筑制图与识图	978-7-301-20070-4	李元玲	28.00	2012.8	5	ppt/pdf
29	建筑制图与识图习题集	978-7-301-20425-2	李元玲	24.00	2012.3	4	ppt/pdf
30	新编建筑工程制图	978-7-301-21140-3	方筱松	30.00	2014.8	2	ppt/ pdf
31	新编建筑工程制图习题集	978-7-301-16834-9	方筱松	22.00	2014.1	2	pdf
		建筑施工类					
1	建筑工程测量	978-7-301-16727-4	赵景利	30.00	2010.2	12	ppt/pdf /答案
2	建筑工程测量(第2版)	978-7-301-22002-3	张敬伟	37.00	2015.4	6	ppt/pdf /答案
3	建筑工程测量实验与实训指导(第2版)	978-7-301-23166-1	张敬伟	27.00	2013.9	2	pdf/答案
4	建筑工程测量	978-7-301-19992-3	潘益民	38.00	2012.2	2	ppt/ pdf
5	建筑工程测量	978-7-301-13578-5	王金玲等	26.00	2011.8	3	pdf
6	建筑工程测量实训（第2版）	978-7-301-24833-1	杨凤华	34.00	2015.1	1	pdf/答案
7	建筑工程测量(含实验指导手册)	978-7-301-19364-8	石　东等	43.00	2012.6	3	ppt/pdf/答案
8	建筑工程测量	978-7-301-22485-4	景　铎等	34.00	2013.6	1	ppt/pdf
9	建筑施工技术	978-7-301-21209-7	陈雄辉	39.00	2013.2	4	ppt/pdf
10	建筑施工技术	978-7-301-12336-2	朱永祥等	38.00	2012.4	7	ppt/pdf
11	建筑施工技术	978-7-301-16726-7	叶　雯等	44.00	2013.5	6	ppt/pdf /素材
12	建筑施工技术	978-7-301-19499-7	董伟等	42.00	2011.9	2	ppt/pdf
13	建筑施工技术	978-7-301-19997-8	苏小梅	38.00	2013.5	3	ppt/pdf
14	建筑工程施工技术(第2版)	978-7-301-21093-2	钟汉华等	48.00	2013.8	5	ppt/pdf
15	数字测图技术	978-7-301-22656-8	赵　红	36.00	2013.6	1	ppt/pdf
16	数字测图技术实训指导	978-7-301-22679-7	赵　红	27.00	2013.6	1	ppt/pdf
17	基础工程施工	978-7-301-20917-2	董伟等	35.00	2012.7	2	ppt/pdf
18	建筑施工技术实训(第2版)	978-7-301-24368-8	周晓龙	30.00	2014.12	2	pdf
19	建筑力学(第2版)	978-7-301-21695-8	石立安	46.00	2014.12	5	ppt/pdf

序号	书名	书号	编著者	定价	出版时间	印次	配套情况
20	★土木工程实用力学	978-7-301-15598-1	马景善	30.00	2013.1	4	pdf/ppt
21	土木工程力学	978-7-301-16864-6	吴明军	38.00	2011.11	2	ppt/pdf
22	PKPM 软件的应用(第 2 版)	978-7-301-22625-4	王　娜等	34.00	2013.6	2	pdf
23	建筑结构(第 2 版)(上册)	978-7-301-21106-9	徐锡权	41.00	2013.4	2	ppt/pdf/答案
24	建筑结构(第 2 版)(下册)	978-7-301-22584-4	徐锡权	42.00	2013.6	2	ppt/pdf/答案
25	建筑结构	978-7-301-19171-2	唐春平等	41.00	2012.6	4	ppt/pdf
26	建筑结构基础	978-7-301-21125-0	王中发	36.00	2012.8	2	ppt/pdf
27	建筑结构原理及应用	978-7-301-18732-6	史美东	45.00	2012.8	1	ppt/pdf
28	建筑力学与结构(第 2 版)	978-7-301-22148-8	吴承霞等	49.00	2014.12	5	ppt/pdf/答案
29	建筑力学与结构(少学时版)	978-7-301-21730-6	吴承霞	34.00	2013.2	4	ppt/pdf/答案
30	建筑力学与结构	978-7-301-20988-2	陈水广	32.00	2012.8	1	pdf/ppt
31	建筑力学与结构	978-7-301-23348-1	杨丽君等	44.00	2014.1	1	ppt/pdf
32	建筑结构与施工图	978-7-301-22188-4	朱希文等	35.00	2013.3	2	ppt/pdf
33	生态建筑材料	978-7-301-19588-2	陈剑峰等	38.00	2013.7	2	ppt/pdf
34	建筑材料(第 2 版)	978-7-301-24633-7	林祖宏	35.00	2014.8	1	ppt/pdf
35	建筑材料与检测	978-7-301-16728-1	梅　杨等	26.00	2012.11	9	ppt/pdf/答案
36	建筑材料检测试验指导	978-7-301-16729-8	王美芬等	18.00	2014.12	7	pdf
37	建筑材料与检测	978-7-301-19261-0	王　辉	35.00	2012.6	5	ppt/pdf
38	建筑材料与检测试验指导	978-7-301-20045-2	王　辉	20.00	2013.1	3	ppt/pdf
39	建筑材料选择与应用	978-7-301-21948-5	申淑荣等	39.00	2013.3	2	ppt/pdf
40	建筑材料检测实训	978-7-301-22317-8	申淑荣等	24.00	2013.4	1	pdf
41	建筑材料	978-7-301-24208-7	任晓菲	40.00	2014.7	1	ppt/pdf /答案
42	建设工程监理概论(第 2 版)	978-7-301-20854-0	徐锡权等	43.00	2014.12	5	ppt/pdf /答案
43	★建设工程监理(第 2 版)	978-7-301-24490-6	斯　庆	35.00	2014.9	1	ppt/pdf /答案
44	建设工程监理概论	978-7-301-15518-9	曾庆军等	24.00	2012.12	5	ppt/pdf
45	工程建设监理案例分析教程	978-7-301-18984-9	刘志麟等	38.00	2013.2	2	ppt/pdf
46	地基与基础(第 2 版)	978-7-301-23304-7	肖明和等	42.00	2014.12	2	ppt/pdf/答案
47	地基与基础	978-7-301-16130-2	孙平平等	26.00	2013.2	3	ppt/pdf
48	地基与基础实训	978-7-301-23174-6	肖明和等	25.00	2013.10	1	ppt/pdf
49	土力学与地基基础	978-7-301-23675-8	叶火炎等	35.00	2014.1	1	ppt/pdf
50	土力学与基础工程	978-7-301-23590-4	宁培淋等	32.00	2014.1	1	ppt/pdf
51	建筑工程质量事故分析(第 2 版)	978-7-301-22467-0	郑文新	32.00	2014.12	3	ppt/pdf
52	建筑工程施工组织设计	978-7-301-18512-4	李源清	26.00	2014.12	7	ppt/pdf
53	建筑工程施工组织实训	978-7-301-18961-0	李源清	40.00	2014.12	4	ppt/pdf
54	建筑施工组织与进度控制	978-7-301-21223-3	张廷瑞	36.00	2012.9	3	ppt/pdf
55	建筑施工组织项目式教程	978-7-301-19901-5	杨红玉	44.00	2012.1	2	ppt/pdf/答案
56	钢筋混凝土工程施工与组织	978-7-301-19587-1	高　雁	32.00	2012.5	2	ppt/pdf
57	钢筋混凝土工程施工与组织实训指导(学生工作页)	978-7-301-21208-0	高　雁	20.00	2012.9	1	ppt
58	建筑材料检测试验指导	978-7-301-24782-2	陈东佐等	20.00	2014.9	1	ppt
59	★建筑节能工程与施工	978-7-301-24274-2	吴明军等	35.00	2014.11	1	ppt/pdf
60	建筑施工工艺	978-7-301-24687-0	李源清等	49.50	2015.1	1	pdf/ppt/答案
61	建筑材料与检测(第 2 版)	978-7-301-25347-2	梅　杨等	33.00	2015.2	1	pdf/ppt/答案
62	土力学与地基基础	978-7-301-25525-4	陈东佐	45.00	2015.2	1	ppt/ pdf/答案
	工程管理类						
1	建筑工程经济(第 2 版)	978-7-301-22736-7	张宁宁等	30.00	2014.12	6	ppt/pdf/答案
2	★建筑工程经济(第 2 版)	978-7-301-24492-0	胡六星等	41.00	2014.9	2	ppt/pdf/答案
3	建筑工程经济	978-7-301-24346-6	刘晓丽等	38.00	2014.7	1	ppt/pdf/答案
4	施工企业会计(第 2 版)	978-7-301-24434-0	辛艳红等	36.00	2014.7	1	ppt/pdf/答案
5	建筑工程项目管理	978-7-301-12335-5	范红岩等	30.00	2012. 4	9	ppt/pdf
6	建设工程项目管理(第 2 版)	978-7-301-24683-2	王　辉	36.00	2014.9	1	ppt/pdf/答案
7	建设工程项目管理	978-7-301-19335-8	冯松山等	38.00	2013.11	3	pdf/ppt
8	★建设工程招投标与合同管理(第 3 版)	978-7-301-24483-8	宋春岩	40.00	2014.12	2	ppt/pdf/答案/试题/教案
9	建筑工程招投标与合同管理	978-7-301-16802-8	程超胜	30.00	2012.9	2	pdf/ppt

序号	书名	书号	编著者	定价	出版时间	印次	配套情况
10	工程招投标与合同管理实务	978-7-301-19035-7	杨甲奇等	48.00	2011.8	3	pdf
11	工程招投标与合同管理实务	978-7-301-19290-0	郑文新等	43.00	2012.4	2	ppt/pdf
12	建设工程招投标与合同管理实务	978-7-301-20404-7	杨云会等	42.00	2012.4	2	ppt/pdf/答案/习题库
13	工程招投标与合同管理	978-7-301-17455-5	文新平	37.00	2012.9	1	ppt/pdf
14	工程项目招投标与合同管理(第2版)	978-7-301-24554-5	李洪军等	42.00	2014.12	2	ppt/pdf/答案
15	工程项目招投标与合同管理(第2版)	978-7-301-22462-5	周艳冬	35.00	2014.12	3	ppt/pdf
16	建筑工程商务标编制实训	978-7-301-20804-5	钟振宇	35.00	2012.7	1	ppt
17	建筑工程安全管理	978-7-301-19455-3	宋　健等	36.00	2013.5	4	ppt/pdf
18	建筑工程质量与安全管理	978-7-301-16070-1	周连起	35.00	2014.12	8	ppt/pdf/答案
19	施工项目质量与安全管理	978-7-301-21275-2	钟汉华	45.00	2012.10	1	ppt/pdf/答案
20	工程造价控制(第2版)	978-7-301-24594-1	斯　庆	32.00	2014.8	1	ppt/pdf/答案
21	工程造价管理	978-7-301-20655-3	徐锡权等	33.00	2013.8	3	ppt/pdf
22	工程造价控制与管理	978-7-301-19366-2	胡新萍等	30.00	2014.12	4	ppt/pdf
23	建筑工程造价管理	978-7-301-20360-6	柴　琦等	27.00	2014.12	4	ppt/pdf
24	建筑工程造价管理	978-7-301-15517-2	李茂英等	24.00	2012.1	4	pdf
25	工程造价案例分析	978-7-301-22985-9	甄　凤	30.00	2013.8	2	pdf/ppt
26	建设工程造价控制与管理	978-7-301-24273-5	胡芳珍等	38.00	2014.6	1	ppt/pdf/答案
27	建筑工程造价	978-7-301-21892-1	孙咏梅	40.00	2013.2	1	ppt/pdf
28	★建筑工程计量与计价(第2版)	978-7-301-22078-8	肖明和等	58.00	2014.12	5	pdf/ppt
29	★建筑工程计量与计价实训(第2版)	978-7-301-22606-3	肖明和等	29.00	2014.12	4	pdf
30	建筑工程计量与计价综合实训	978-7-301-23568-3	龚小兰	28.00	2014.1	2	pdf
31	建筑工程估价	978-7-301-22802-9	张　英	43.00	2013.8	1	ppt/pdf
32	建筑工程计量与计价——透过案例学造价(第2版)	978-7-301-23852-3	张　强	59.00	2014.12	3	ppt/pdf
33	安装工程计量与计价(第3版)	978-7-301-24539-2	冯　钢等	54.00	2014.8	3	pdf/ppt
34	安装工程计量与计价综合实训	978-7-301-23294-1	成春燕	49.00	2014.12	3	pdf/素材
35	安装工程计量与计价实训	978-7-301-19336-5	景巧玲等	36.00	2013.5	4	pdf/素材
36	建筑水电安装工程计量与计价	978-7-301-21198-4	陈连姝	36.00	2013.8	3	ppt/pdf
37	建筑与装饰装修工程工程量清单	978-7-301-17331-2	翟丽旻等	25.00	2012.8	4	pdf/ppt/答案
38	建筑工程清单编制	978-7-301-19387-7	叶晓容	24.00	2011.8	2	ppt/pdf
39	建设项目评估	978-7-301-20068-1	高志云等	32.00	2013.6	2	ppt/pdf
40	钢筋工程清单编制	978-7-301-20114-5	贾莲英	36.00	2012.2	2	ppt / pdf
41	混凝土工程清单编制	978-7-301-20384-2	顾　娟	28.00	2012.5	1	ppt / pdf
42	建筑装饰工程预算	978-7-301-20567-9	范菊雨	38.00	2013.6	2	pdf/ppt
43	建设工程安全监理	978-7-301-20802-1	沈万岳	28.00	2012.7	1	pdf/ppt
44	建筑工程安全技术与管理实务	978-7-301-21187-8	沈万岳	48.00	2012.9	2	pdf/ppt
45	建筑工程资料管理	978-7-301-17456-2	孙　刚等	36.00	2014.12	5	pdf/ppt
46	建筑施工组织与管理(第2版)	978-7-301-22149-5	翟丽旻等	43.00	2014.12	3	ppt/pdf/答案
47	建设工程合同管理	978-7-301-22612-4	刘庭江	46.00	2013.6	1	ppt/pdf/答案
48	★工程造价概论	978-7-301-24696-2	周艳冬	31.00	2015.1	1	ppt/pdf/答案
	建筑设计类						
1	中外建筑史(第2版)	978-7-301-23779-3	袁新华等	38.00	2014.2	2	ppt/pdf
2	建筑室内空间历程	978-7-301-19338-9	张伟孝	53.00	2011.8	1	pdf
3	建筑装饰CAD项目教程	978-7-301-20950-9	郭　慧	35.00	2013.1	2	ppt/素材
4	室内设计基础	978-7-301-15613-1	李书青	32.00	2013.5	3	ppt/pdf
5	建筑装饰构造	978-7-301-15687-2	赵志文等	27.00	2012.11	6	ppt/pdf/答案
6	建筑装饰材料(第2版)	978-7-301-22356-7	焦　涛等	34.00	2013.5	2	ppt/pdf
7	★建筑装饰施工技术(第2版)	978-7-301-24482-1	王　军	37.00	2014.7	2	ppt/pdf
8	设计构成	978-7-301-15504-2	戴碧锋	30.00	2012.10	2	ppt/pdf
9	基础色彩	978-7-301-16072-5	张　军	42.00	2011.9	2	pdf
10	设计色彩	978-7-301-21211-0	龙黎黎	46.00	2012.9	1	ppt
11	设计素描	978-7-301-22391-8	司马金桃	29.00	2013.4	2	ppt
12	建筑素描表现与创意	978-7-301-15541-7	于修国	25.00	2012.11	3	Pdf
13	3ds Max 效果图制作	978-7-301-22870-8	刘　晗等	45.00	2013.7	1	ppt
14	3ds max 室内设计表现方法	978-7-301-17762-4	徐海军	32.00	2010.9	1	pdf

序号	书名	书号	编著者	定价	出版时间	印次	配套情况
15	Photoshop 效果图后期制作	978-7-301-16073-2	脱忠伟等	52.00	2011.1	2	素材/pdf
16	建筑表现技法	978-7-301-19216-0	张　峰	32.00	2013.1	2	ppt/pdf
17	建筑速写	978-7-301-20441-2	张　峰	30.00	2012.4	1	pdf
18	建筑装饰设计	978-7-301-20022-3	杨丽君	36.00	2012.2	1	ppt/素材
19	装饰施工读图与识图	978-7-301-19991-6	杨丽君	33.00	2012.5	1	ppt
20	建筑装饰工程计量与计价	978-7-301-20055-1	李茂英	42.00	2013.7	3	ppt/pdf
21	3ds Max & V-Ray 建筑设计表现案例教程	978-7-301-25093-8	郑恩峰	40.00	2014.12	1	ppt/pdf
			规划园林类				
1	城市规划原理与设计	978-7-301-21505-0	谭婧婧等	35.00	2013.1	2	ppt/pdf
2	居住区景观设计	978-7-301-20587-7	张群成	47.00	2012.5	1	ppt
3	居住区规划设计	978-7-301-21031-4	张　燕	48.00	2012.8	2	ppt
4	园林植物识别与应用	978-7-301-17485-2	潘利等	34.00	2012.9	1	ppt
5	园林工程施工组织管理	978-7-301-22364-2	潘利等	35.00	2013.4	1	ppt/pdf
6	园林景观计算机辅助设计	978-7-301-24500-2	于化强等	48.00	2014.8	1	ppt/pdf
7	建筑・园林・装饰设计初步	978-7-301-24575-0	王金贵	38.00	2014.10	1	ppt/pdf
			房地产类				
1	房地产开发与经营(第 2 版)	978-7-301-23084-8	张建中等	33.00	2014.8	2	ppt/pdf/答案
2	房地产估价(第 2 版)	978-7-301-22945-3	张　勇等	35.00	2014.12	2	ppt/pdf/答案
3	房地产估价理论与实务	978-7-301-19327-3	褚菁晶	35.00	2011.8	2	ppt/pdf/答案
4	物业管理理论与实务	978-7-301-19354-9	裴艳慧	52.00	2011.9	2	ppt/pdf
5	房地产测绘	978-7-301-22747-3	唐春平	29.00	2013.7	1	ppt/pdf
6	房地产营销与策划	978-7-301-18731-9	应佐萍	42.00	2012.8	2	ppt/pdf
7	房地产投资分析与实务	978-7-301-24832-4	高志云	35.00	2014.9	1	ppt/pdf
			市政与路桥类				
1	市政工程计量与计价(第 2 版)	978-7-301-20564-8	郭良娟等	42.00	2015.1	6	pdf/ppt
2	市政工程计价	978-7-301-22117-4	彭以舟等	39.00	2015.2	1	ppt/pdf
3	市政桥梁工程	978-7-301-16688-8	刘　江等	42.00	2012.10	2	ppt/pdf/素材
4	市政工程材料	978-7-301-22452-6	郑晓国	37.00	2013.5	1	ppt/pdf
5	道桥工程材料	978-7-301-21170-0	刘水林等	43.00	2012.9	1	ppt/pdf
6	路基路面工程	978-7-301-19299-3	偶昌宝等	34.00	2011.8	1	ppt/pdf/素材
7	道路工程技术	978-7-301-19363-1	刘　雨等	33.00	2011.12	1	ppt/pdf
8	城市道路设计与施工	978-7-301-21947-8	吴颖峰	39.00	2013.1	1	ppt/pdf
9	建筑给排水工程技术	978-7-301-25224-6	刘　芳等	46.00	2014.12	1	ppt/pdf
10	建筑给水排水工程	978-7-301-20047-6	叶巧云	38.00	2012.2	1	ppt/pdf
11	市政工程测量(含技能训练手册)	978-7-301-20474-0	刘宗波等	41.00	2012.5	1	ppt/pdf
12	公路工程任务承揽与合同管理	978-7-301-21133-5	邱　兰等	30.00	2012.9	1	ppt/pdf/答案
13	★工程地质与土力学(第 2 版)	978-7-301-24479-1	杨仲元	41.00	2014.7	1	ppt/pdf
14	数字测图技术应用教程	978-7-301-20334-7	刘宗波	36.00	2012.8	1	ppt
15	水泵与水泵站技术	978-7-301-22510-3	刘振华	40.00	2013.5	1	ppt/pdf
16	道路工程测量(含技能训练手册)	978-7-301-21967-6	田树涛等	45.00	2013.2	1	ppt/pdf
17	桥梁施工与维护	978-7-301-23834-9	梁　斌	50.00	2014.2	1	ppt/pdf
18	铁路轨道施工与维护	978-7-301-23524-9	梁　斌	36.00	2014.1	1	ppt/pdf
19	铁路轨道构造	978-7-301-23153-1	梁　斌	32.00	2013.10	1	ppt/pdf
			建筑设备类				
1	建筑设备基础知识与识图(第 2 版)	978-7-301-24586-6	靳慧征等	47.00	2014.12	2	ppt/pdf/答案
2	建筑设备识图与施工工艺	978-7-301-19377-8	周业梅	38.00	2011.8	4	ppt/pdf
3	建筑施工机械	978-7-301-19365-5	吴志强	30.00	2014.12	5	pdf/ppt
4	智能建筑环境设备自动化	978-7-301-21090-1	余志强	40.00	2012.8	1	pdf/ppt
5	流体力学及泵与风机	978-7-301-25279-6	王　宁等	35.00	2015.1	1	pdf/ppt/答案

如您需要更多教学资源如电子课件、电子样章、习题答案等，请登录北京大学出版社第六事业部官网 www.pup6.cn 搜索下载。

如您需要浏览更多专业教材，请扫下面的二维码，关注北京大学出版社第六事业部官方微信（微信号：pup6book），随时查询专业教材、浏览教材目录、内容简介等信息，并可在线申请纸质样书用于教学。

感谢您使用我们的教材，欢迎您随时与我们联系，我们将及时做好全方位的服务。联系方式：010-62750667，yangxinglu@126.com，pup_6@163.com，lihu80@163.com，欢迎来电来信。客户服务 QQ 号：1292552107，欢迎随时咨询。